国家出版基金项目
NATIONAL PUBLICATION FOUNDATION

商用飞机系统工程系列
主编 贺东风

基于模型的
现代商用飞机研发

Model-based
Commercial Aircraft Development

李浩敏 殷 锴 詹 超 等 著

上海交通大学出版社
SHANGHAI JIAO TONG UNIVERSITY PRESS

内容提要

本书是"大飞机出版工程·商用飞机系统工程系列"之一。

基于模型的系统工程(MBSE)是对系统工程活动中建模方法应用的正式认同,使建模方法支持系统要求、设计、分析、验证和确认等活动,从概念性设计阶段开始,贯穿设计开发以及后来的所有生命周期中,是系统工程发展的新方向。本书基于作者团队的实践经验,从基于模型的正向设计流程、场景分析、需求模型、功能分析、逻辑架构分析、物理架构分析方向,详细介绍了 MBSE 的方法思路;同时,介绍了目前业界主要的建模工具,重点是通过起落架系统和发动机控制系统案例,使对应的方法论落地。目前,在现代商用飞机研发中,基于模型的系统工程方法论和实践有很多,读者在运用时,应避免生搬硬套,应根据产品和企业的不同进行合适的剪裁和优化。本书提供了一套经探索和尝试的、较为成熟的方法论,以及对应的实践案例,供广大读者参考。

图书在版编目(CIP)数据

基于模型的现代商用飞机研发／李浩敏等著. —上海:上海交通大学出版社,2023.6
(大飞机出版工程)
ISBN 978－7－313－28453－2

Ⅰ. ①基… Ⅱ. ①李… Ⅲ. ①民用飞机—研制—研究
Ⅳ. ①V271

中国国家版本馆 CIP 数据核字(2023)第 106861 号

基于模型的现代商用飞机研发
JIYU MOXING DE XIANDAI SHANGYONG FEIJI YANFA

著　　者:李浩敏　殷锴　詹超　等
出版发行:上海交通大学出版社　　　　　　　　　地　　址:上海市番禺路 951 号
邮政编码:200030　　　　　　　　　　　　　　电　　话:021－64071208
印　　制:上海颛辉印刷厂有限公司　　　　　　　经　　销:全国新华书店
开　　本:710 mm×1000 mm　1/16　　　　　　　印　　张:20.25
字　　数:304 千字
版　　次:2023 年 6 月第 1 版　　　　　　　　　印　　次:2023 年 6 月第 1 次印刷
书　　号:ISBN 978－7－313－28453－2
定　　价:146.00 元

大飞机出版工程
丛书编委会

总 主 编

顾诵芬（中国航空工业集团公司科技委原副主任、中国科学院和中
国工程院院士）

副总主编

贺东风（中国商用飞机有限责任公司董事长）

林忠钦（上海交通大学原校长、中国工程院院士）

编 委 会

（按姓氏笔画排序）

王礼恒（中国航天科技集团公司科技委主任、中国工程院院士）

王宗光（上海交通大学原党委书记、教授）

任　和（中国商飞上海飞机客户服务公司原副总工程师、教授）

刘　洪（上海交通大学航空航天学院教授）

李　明（中国航空工业集团沈阳飞机设计研究所研究员、中国工程
院院士）

吴光辉（中国商用飞机有限责任公司首席科学家、C919飞机总设计

师、中国工程院院士）

汪　海（上海市航空材料与结构检测中心主任、研究员）

张卫红（西北工业大学副校长、中国科学院院士）

张新国（中国航空工业集团原副总经理、研究员）

陈迎春（中国商用飞机有限责任公司 CR929 飞机总设计师、研
究员）

陈宗基（北京航空航天大学自动化科学与电气工程学院教授）

陈　勇（中国商用飞机有限责任公司工程总师、ARJ21 飞机总设计
师、研究员）

陈懋章（北京航空航天大学能源与动力工程学院教授、中国工程院
院士）

金德琨（中国航空工业集团公司原科技委委员、研究员）

赵越让（中国商用飞机有限责任公司原总经理、研究员）

姜丽萍（中国商用飞机有限责任公司制造总师、研究员）

曹春晓（中国航空工业集团北京航空材料研究院研究员、中国工程
院院士）

敬忠良（上海交通大学航空航天学院教授）

傅　山（上海交通大学电子信息与电气工程学院研究员）

总　序

　　国务院在 2007 年 2 月底批准了大型飞机研制重大科技专项正式立项，得到全国上下各方面的关注。"大型飞机"工程项目作为创新型国家的标志工程重新燃起我们国家和人民共同承载着"航空报国梦"的巨大热情。对于所有从事航空事业的工作者，这是历史赋予的使命和挑战。

　　1903 年 12 月 17 日，美国莱特兄弟制作的世界第一架有动力、可操纵、比重大于空气的载人飞行器试飞成功，标志着人类飞行的梦想变成了现实。飞机作为 20 世纪最重大的科技成果之一，是人类科技创新能力与工业化生产形式相结合的产物，也是现代科学技术的集大成者。军事和民生对飞机的需求促进了飞机迅速而不间断的发展和应用，体现了当代科学技术的最新成果；而航空领域的持续探索和不断创新，为诸多学科的发展和相关技术的突破提供了强劲动力。航空工业已经成为知识密集、技术密集、高附加值、低消耗的产业。

　　从大型飞机工程项目开始论证到确定为《国家中长期科学和技术发展规划纲要》的十六个重大专项之一，直至立项通过，不仅使全国上下重视我国自主航空事业，而且使我们的人民、政府理解了我国航空事业半个多世纪发展的艰辛和成绩。大型飞机重大专项正式立项和启动使我们的民用航空进入新纪元。经过 50 多年的风雨历程，当今中国的航空工业已经步入了科学、理性的发展轨道。大型客机项目产业链长、辐射面宽、对国家综合实力带动性强，在国民经济发展和科学技术进步中发挥着重要作用，我国的航空工业迎来了新的发展机遇。

　　大型飞机的研制承载着中国几代航空人的梦想，造出与波音公司波音 737 和空客公司 A320 改进型一样先进的"国产大飞机"已经成为每个航空人心中奋斗的目标。然而，大型飞机覆盖了机械、电子、材料、冶金、仪器仪表、化工等几乎所有工业门类，集成数学、空气动力学、材料学、人机工程学、自动控制学等多种学科，是一个复杂的科技创新系统。为了迎接新形势下理论、技术和工程等方面的严峻挑战，迫切需要引入、借鉴国外的优秀出版物和数据资料，总结、巩固我们的经验和成果，编著一套以"大飞机"为主题的丛书，借以推动服务"大飞机"作为推动服务整个航空科学的切入点，同时对于促进我国航空事业的发展和加快航空紧缺人才的培养，具有十分重要的现实意义和深远的历史意义。

2008 年 5 月，中国商用飞机有限公司成立之初，上海交通大学出版社就开始酝酿"大飞机出版工程"，这是一项非常适合"大飞机"研制工作时宜的事业。新中国第一位飞机设计宗师——徐舜寿同志在领导我们研制中国第一架喷气式歼击教练机——歼教 1 时，亲自撰写了《飞机性能及算法》，及时编译了第一部《英汉航空工程名词字典》，翻译出版了《飞机构造学》《飞机强度学》，从理论上保证了我们的飞机研制工作。我本人作为航空事业发展 50 多年的见证人，欣然接受上海交通大学出版社的邀请担任该丛书的主编，希望为我国的"大飞机"研制发展出一份力。出版社同时也邀请了王礼恒院士、金德琨研究员、吴光辉总设计师、陈迎春副总设计师等航空领域专家撰写专著、精选书目，承担翻译、审校等工作，以确保这套"大飞机"丛书具有高品质和重大的社会价值，为我国的大飞机研制以及学科发展提供参考和智力支持。

编著这套丛书，一是总结整理 50 多年来航空科学技术的重要成果及宝贵经验；二是优化航空专业技术教材体系，为飞机设计技术人员的培养提供一套系统、全面的教科书，满足人才培养对教材的迫切需求；三是为大飞机研制提供有力的技术保障；四是将许多专家、教授、学者广博的学识见解和丰富的实践经验总结继承下来，旨在从系统性、完整性和实用性角度出发，把丰富的实践经验进一步理论化、科学化，形成具有我国特色的"大飞机"理论与实践相结合的知识体系。

"大飞机出版工程"丛书主要涵盖了总体气动、航空发动机、结构强度、航电、制造等专业方向，知识领域覆盖我国国产大飞机的关键技术。图书类别分为译著、专著、教材、工具书等几个模块；其内容既包括领域内专家们最先进的理论方法和技术成果，也包括来自飞机设计第一线的理论和实践成果。如：2009 年出版的荷兰原福克飞机公司总师撰写的 *Aerodynamic Design of Transport Aircraft*（《运输类飞机的空气动力设计》）；由美国堪萨斯大学 2008 年出版的 *Aircraft*

Propulsion（《飞机推进》）等国外最新科技的结晶；国内《民用飞机总体设计》等总体阐述之作和《涡量动力学》《民用飞机气动设计》等专业细分的著作；也有《民机设计1000问》《英汉航空缩略语词典》等工具类图书。

该套图书得到国家出版基金资助，体现了国家对"大型飞机"项目和"大飞机出版工程"这套丛书的高度重视。这套丛书承担着记载与弘扬科技成就、积累和传播科技知识的使命，凝结了国内外航空领域专业人士的智慧和成果，具有较强的系统性、完整性、实用性和技术前瞻性，既可作为实际工作指导用书，亦可作为相关专业人员的学习参考用书。期望这套丛书能够有益于航空领域里人才的培养，有益于航空工业的发展，有益于大飞机的成功研制。同时，希望能为大飞机工程吸引更多的读者来关心航空、支持航空和热爱航空，并投身于中国航空事业做出一点贡献。

2009 年 12 月 15 日

系列序

大型商用飞机项目是一项极其复杂的系统工程，是一个国家工业、科技水平和综合实力的集中体现。在当今全球经济环境下，飞机全生命周期活动是分布式的，从单个设计区域分配到各个供应商网络，到完成后返回进行最终产品集成。许多政治、经济和技术因素都影响其中的协作过程。在全球协作网络中，过程、方法和工具的紧密、高效整合是现代商用飞机型号项目成功的关键因素。商用飞机的研制需要将主制造商作为一个复杂系统，从企业层级统筹考虑产品系统的设计研发和生产制造，并将供应链管理也纳入系统工程的过程中，用系统工程的视角、组织、整合和利用现有资源，以更加快速、高效地开展企业的生产活动；同时需要在更大的范围内整合资源，将型号研制纳入全球民用航空运输系统的范畴中，以期生产出更优质的、更具竞争力的产品。通过开展基于系统工程的项目管理，对研制过程各要素进行整合，以满足客户及适航要求，利用有限的时间、经费等资源，打造一款飞行员愿意飞、乘客愿意坐、航空公司愿意买的飞机，是我国民用航空产业面临的主要挑战，同时也是实现项目商业成功和技术成功的必由之路。

经过几十年的发展，欧美工业界形成了《ISO/IEC 15288—2015：系统和软件工程——系统生命周期过程》等一系列系统工程工业标准；美国国家航空航天局、美国国防部、美国联邦航空局、美国海军和空军等都制定了本行业的系统工程手册；民用航空运输领域制定了 SAE ARP4754A《商用飞机与系统研制指南》等相关指南。同时，航空工业界也一直在开展系统工程实践，尤其是以波音 777 项目为代表，首次明确地按照系统工程方法组织人员、定义流程和建立文档规范，并通过组织设计制造团队，实现数字化的产品定义和预装配，从而较大地改进研制过程，提高客户满意度，降低研发成本。其后的波音 787 项目、空客 A350 项目更是进一步大量使用最新的系统工程方法、工具，为项目成功带来实实在在的好处。

目前，我国在系统工程标准方面，也制定了一些工业标准，但总的来说，还是缺乏一些针对特定领域（如商用飞机领域）的指南和手册，相较国外先进工业实践还存在一定的差距。通过新型涡扇支线飞机和大型干线客机两大型号的积累，我国商用飞机产业在需求管理、安全性分析、变更管理、系统集成与验证以及合格审定等方面取得了长足进步，在风险管理、构型管理、供应链管理、项目组织建设等方面也进行了全面的探索，初步形成了以满足客户需求为目的，围绕产品全生命周期，通过产品集成与过程集成实现全局最优的技术和管理体系，并探索出适用商用飞机领域的系统工程是"以满足客户需求为目的，围绕产品全生命周期，通过产品集成与过程集成实现全局最优的一种跨专业、跨部门、跨企业的技术和管理方法"。

进入美国的再工业化、德国工业 4.0、中国制造 2025 的时代，各制造强国和制造大国在新一轮工业革命浪潮下，都选择以赛博物理系统为基础，重点推进智能制造，进而实现工业的转型升级。其中一个重要的主题是要解决整个生命周期内工程学的一致性。要让现实世界和虚拟世界在各个层次融合，要在机械制造、电气工程、计算机科学领域就模型达成共识。因此，系统工程方法在这个新的时代变得尤为重要，是使产品、生产流程和生产系统实现融合的基础。对于我国航空工业而言，面对标准的挑战、数据安全的挑战、战略及商业模式的挑战、企业组织的挑战、过程管理的挑战、工具方法（SysML 管理工具）的挑战、工业复杂性的挑战、系统工程人才培养与教育的挑战，积极推进系统工程，才能为在新一轮的工业革命中实现跨越式发展打好基础。

编著这套丛书，一是介绍国内外商用飞机领域先进的系统工程与项目管理理念、理论和方法，为我国航空领域人员提供一套系统、全面的教材，满足各类人才对系统工程和项目管理知识的迫切需求；二是将商用飞机领域内已有型号的系统工程与项目管理实践的重要成果和宝贵经验以及专家、学者的知识总结继承下来，形成一套科学化、系统化的理论知识体系；三是提供一套通用的技术概念，理清并定义商用飞机领域的所有接口，促进一系列技术标准的制定，推动系统工程和项目管理技术体系的形成，促进整个商用飞机产业工业化和信息化的深度融合。

"商用飞机系统工程"系列编委会由美国南加州大学、清华大学、浙江大学、上海交通大学、中国商用飞机有限责任公司等国内外高校和企业的航空界系统工程与项目管理领域的专家和学者组建而成，凝结了国内外航空界专业人士的智慧和成果。本系列丛书获得了 2022 年度国家出版基金的资助，说明了国家对大飞机事业的高度重视和认可。希望本系列丛书的出版能够达到预期的目标。在此，要感谢参与本丛书编撰工作的所有编著者以及所有直接或间接参与本丛书审校工作的专家、学者的辛勤工作；也向上海交通大学出版社大飞机出版中心的各位编辑表示感谢，他们为本系列丛书的出版做了大量工作。最后，希望本丛书能为商用飞机产业中各有关单位系统工程能力的提升做出应有的贡献。

（贺东风　中国商用飞机有限责任公司董事长）

序　一

近年来，系统工程作为一门工程学科，所包含的先进研制理念与开发流程受到了国内外众多组织机构、企事业单位的青睐，绝大多数生产商都会采用系统工程的方法对其所负责的复杂系统或产品进行研发，如商用飞机、载人航天器、远洋轮船等。那么，"系统工程"具体是指什么呢？引用钱学森的定义：系统工程是组织管理系统的规划、研究、设计、制造、试验和使用的科学方法，是一种对所有系统具有普遍意义的科学方法，也是一种组织管理的技术。

既然系统工程是一种技术，那它就具有所有技术的共同点：为了更好地达到目标，以最小代价、最高效率开发出最高品质的复杂系统或产品。然而，系统或者产品并不是一成不变的，随着时代的发展，系统的复杂性正在呈指数级增长，一个系统所涵盖的工程领域与交叉学科越来越多，传统的基于文本的系统工程逐渐难以应对这种变化。

商用飞机作为一个典型的高端复杂系统，其设计研发中不可避免地面临着工程领域跨度大、技术界面复杂、设计研制周期长等诸多挑战。在商用飞机的设计过程中，设计人员往往要把散落在海量需求文档、设计报告、技术图纸中的飞机工程信息集成关联在一起。这个过程费时费力且容易出错，传统的系统工程难以实现它原来的目标。

随着信息化时代的到来，建模仿真技术高速发展。在先进技术推动下，结合大型商用飞机等复杂系统对高效设计方法的迫切需求，基于模型的系统工程（model-based systems engineering，MBSE）应运而生。2007 年，系统工程国际委员会（INCOSE）在《系统工程愿景 2020》中，正式提出了 MBSE 的定义：在产品设计与研发的全生命周期中，以结构化和形式化的建模方法支持系统的需求捕获、设计、分析、验证和确认等活动。

模型对于系统设计而言并不算是新鲜事物，它是设计人员解决工程问题的良好方法。早在 MBSE 理论提出之前，以图形为基本元素的建模语言便已广泛应用在各个领域，帮助设计人员开展工作。但我们不能简单地把 MBSE 理解为使用模型进行设计，MBSE 作为建模与系统工程两大技术的结合体，有其自身的理论体系、技术路径与实现方法，是设计思路与方法的革命，其实施注定无法一帆风顺，设计师思路的转变往往是最重要的。

本书作为一本综合性介绍 MBSE 理论在商用飞机研发领域应用的著作，除了系统性地讲解 MBSE 在飞机研制中的应用实施过程外，也完整地介绍了系统工程理论、系统工程与 MBSE 的关系、MBSE 发展历程以及 MBSE 应用工具等内容。如果你是一名复杂系统设计人员，对 MBSE 似懂非懂，抑或一项复杂系统设计项目的负责人，正在为如何提高设计效率而苦恼，那么本书内容应该会给你带来许多帮助。当然，本书同样适合所有对 MBSE 感兴趣的人员。

作为一名读者，你可能没有时间完整阅读所有章节，如果你只对具体技术理论感兴趣，你可以直接阅读第 3~9 章（或者其中任意一章），这几章完整地展示了建模仿真方法如何与具体飞机设计工作相结合、在不同设计阶段发挥作用，比如基于模型的飞机需求捕获、飞机功能分析、飞机架构设计等。如果你对理论理解有困难，相信第 11 章与第 12 章的具体飞机系统设计案例也可以帮助到你。本书各章节之间尽可能做到了相互独立，就是为了使读者可以根据特定需要在对应主题（章节）中获得帮助。

总之，MBSE 是系统工程的未来，如何把基于文档的系统工程转换为基于模型的系统工程，是一项庞大而复杂的工作，仍然需要广大设计人员在不断实践中摸索前进。希望本书的出版能够帮助越来越多的人熟悉了解 MBSE，促进国内 MBSE 的持续发展，也祝愿每位读者都能在书中找到启发与灵感，增进对 MBSE 工作的理解。

2023 年于上海

序 二

接到联合编制本书的邀请后，我深感任重，忐忑不安。经过前后两年的研究、讨论与修改，终将本书呈现给各位读者。回顾过去，我感觉完成的只是浮光掠影，希望自己的经验和分享能给读者带来帮助。

作为"工业皇冠上的明珠"，航空发动机是商用飞机系统中结构最复杂、技术难度最高的产品。我从事商用航空发动机的控制系统工程研究已有十余年的时间，由于系统的复杂性和技术难度，很早就在相关专家的指导下关注需求管理、建模、仿真验证等系统工程相关的知识与实践。2013 年前后，中国航空工业集团有限公司开始在下辖各单位推进系统工程的学习与实践，我幸运地参加了首批系统工程国际委员会（INCOSE）的培训并在后续过程中取得认证，比较系统地对于系统工程这个学科进行学习与实践。

基于模型的系统工程（MBSE）是在传统系统工程理论基础上，结合需求建模、系统建模及仿真验证等手段进行工程实践的有力工具。恰好发动机控制系统由于复杂的逻辑及组成比较适合采用这种研发方式。在多年的工程实践中，我和团队一起完成了针对系统的需求分析、全数字仿真、硬件在环仿真与半物理仿真工作，并采用了基于模型的设计（MBD）方式进行了机载软件开发，从系统设计、软件设计、系统验证各方面进行实践，开发完成后的系统在数个构型的发动机上得到了良好的运行效果。根据我们团队的工作经验，发现基于模型的系统工程确实是复杂系统高效开发与验证的有力手段，这也是我参与撰写本书并分享给读者的主要动因。

基于模型的系统工程的理论和实践，可以用于复杂过程运行系统、高端装备或者执行逻辑非常复杂的工程开发过程。诚然，本人目前的工作实践有限，仅仅在个别过程中实践这一理念，在实际工程开发中还要不断地深入和优化 MBSE 的理念。您可能是一位系统设计工程师、项目经理、软件工程师、试验验证工程师，或者是努力汲取经验的学生，在开发技术难度较大的复杂系统时，希望尽力节约时间和经费、提高效率。那么，希望这本基于过去十多年在航空工业中的工作经验所编写的书籍，可以在您追求质量、效率、卓越的时候助以一臂之力。

在十余年的工作经历和本书编制过程中，首先要感谢我的妻子、孩子和父母等家人，是他们的鼓励和包容能让我心无旁骛地努力工作，并在系统工程这一领域有所实践和总结。特别感谢胡忠志专家，在他的指导下我们开启了系统工程和基于模型的设计的道路。感谢中国航发商用航空发动机有限责任公司控制系统部和其他部门十几年来（曾经）一起工作的专家和同事，是团队的共同努力才能取得目前的成果与不断前进的经验。感谢中国航发控制系统研究所、中航工业西安航空计算技术研究所等行业内以及一大批从事系统工程工具开发的合作伙伴，集全社会之力才能让我们步伐前进得更快。

殷　锴

2022 年于上海

前　言

《基于模型的现代商用飞机研发》作为一本综合性介绍 MBSE 方法论在商用飞机研发过程中应用的专著，系统性地阐述了 MBSE 理论基础、针对商用飞机研发的实施路径与具体作用，还以起落架与发动机控制两个系统的研制为例，直观呈现了基于模型的系统设计过程。本书共分为基础、方法与案例三篇共 12 章。

系统工程作为一种具有普遍意义的科学方法，涉及复杂的多领域多学科交叉理论，同时强调生命周期，兼顾管理过程与技术过程。而 MBSE 以模型方式建立了系统工程中各种状态元素之间的联系。现如今，各行业、各领域均针对 MBSE 开展了持续的理论研究与应用实践，为其未来广泛运用奠定了基础。本书聚焦的典型 MBSE 方法论建模语言包括 SysML 语言与 Modelica 语言两种，借此可以开展系统架构模型的设计以及描述过程。

第 1 章作为基础篇的开章，主要从系统工程的定义与理论基础、复杂产品系统工程以及系统工程过程三个方面阐述传统的系统工程，囊括系统工程的概念与特点，三类复杂系统工程以及系统工程全生命周期内的主要技术与管理过程，借此向读者介绍系统工程理论的基本知识要点，为后续引入 MBSE 内容做铺垫。

第 2 章承接第 1 章内容，说明 MBSE 与传统系统工程的区别，通过三个易混淆的概念引入 MBSE 的发展历程以及未来挑战，按照时间顺序介绍 MBSE 的发展演变历程以及 MBSE 未来发展趋势和方向。通过给读者讲述 MBSE 的重要背景知识与基本理论，加深读者对 MBSE 概念的理解。

第 3 章通过具体阐述 MBSE 方法论的两种典型建模/仿真语言（SysML 语言与 Modelica 语言）及其应用范围，让读者更清晰地认识到 MBSE 的具体技术实施路径。其中 SysML 语言能有效解决系统工程领域中的模型建立问题，提供一个更加简单的、易学的、有着强大功能的模型建立语言。Modelica 语言作为一种面向对象形式的模型建立语言，通过实际的物理系统结构建立仿真模型，从而为系统顶层模型建立提供支撑。至此基础篇内容结束。

第 4~9 章从场景模型搭建、需求模型定义、功能模型分析、基于模型的系统逻辑架构设计与物理架构设计等多方面详细阐述 MBSE 方法在飞机研制过程中的实际应用。

第 4 章引入一种适用于飞机系统设计的 MBSE 方法，该方法对面向对象的系统工程方法（OOSEM）过程框架进行重组并引入新的子过程，同时构建了一个立体的 MBSE 网络。本章总体介绍该方法的基本概念、总体技术路径与工作步骤，为读者详细解释了基于模型的飞机系统设计过程。

第 5 章从场景概念入手，阐述了基于模型的场景定义方法和作用；提出基于 SysML 语言的场景建模方法，通过场景模型从多个维度、多个方面分别捕获运行场景和场景分析；最后对场景应用进行了简要介绍。为读者提供了一套完整的基于模型的场景分析流程。

第 6 章阐述了基于需求模型体系的系统分析和设计过程中规范化捕获和识别需求的方法。简要介绍了需求模型的意义、表现形式、建模常用方法和需求模型的检验和验证方法。与读者探讨了系统建模问题，提出了一系列业内广泛使用的技术和方法。

第 7 章进一步向读者介绍适用于飞机系统设计的 MBSE 功能分析过程和方法以及功能价值分析概念和方法。系统工程领域内的产品开发过程主要是围绕产品的功能和需求展开的，产品开发过程也是对产品预期功能定义和分解、功能实现和验证的过程，包含功能分析过程和功能价值分析。

第 8 章阐述基于模型的系统逻辑架构定义、分析过程与意义。逻辑架构设计是系统架构设计的重要组成部分，分析逻辑架构可以缓解需求变更对系统设计的影响，并有助于管理技术变更，逻辑架构分析过程包括系统需求到逻辑和物理架构模型的转换以及逻辑架构和物理架构模型之间的迭代。

第 9 章向读者阐述 MBSE 方法论中对于系统物理架构的定义、分析意义及分析过程。物理架构模型是系统物理架构的一种表达形式，通过模型分析物理架构可以进一步确认第 8 章阐述的逻辑架构的正确性与可实现性，基于模型的物理架构分析过程包括功能元素划分和分配、构建候选物理架构、候选架构评估与选择、物理架构综合。

第 10~12 章通过实际案例向读者直观地呈现 MBSE 在具体商用飞机研制中的实施落地。

第 10 章主要介绍支持 MBSE 实施且适合飞机系统研制的建模仿真软件，包括 SysML 类工具软件和动态仿真类工具软件，通过介绍其技术特点、语言基础以及程序结构，让读者简单清晰地了解其基本应用方向与应用目的。

第 11 章向读者展示采用 MBSE 方法开展的飞机起落架系统场景/功能分析、需求定义以及逻辑/物理架构定义。借助飞机起落架系统这个载体完整展示基于模型的系统设计过程，让读者直观地了解 MBSE 对系统设计的帮助。

第 12 章继续以发动机控制系统为例，展示采用 MBSE 方法开展的系统场景/功能分析、需求定义、逻辑/物理架构定义，并在此基础上进一步展示系统软件开发以及集成仿真过程，结合第 11 章的起落架系统设计案例，让读者进一步直观地理解 MBSE 对系统设计的帮助。

本专著由中国商用飞机有限责任公司（以下简称"商飞"）、中国航发商用航空发动机有限责任公司（以下简称"商发"）众位设计人员参与编纂，同时也得到其他公司诸多专家及技术人员的大力支持，特此进行说明和感谢：商飞李浩敏、张莘艾、商发殷锴牵头编纂本专著，第 1 章"传统系统工程"由商发李洋、阎迪编写，第 2 章"基于模型的系统工程发展历程"由商飞詹超编写，第 3 章"SysML 和 Modelica 简介"由商发罗婷婷、袁柳阴编写，第 4 章"面向飞机系统设计的 MBSE 方法"由商飞康文文编写，第 5 章"场景分析"由商飞何雨薇编写，第 6 章"需求模型"由商飞李立涛、郭大可编写，第 7 章"功能分析"由商飞陈冬生编写，第 8 章"逻辑架构分析"由商发李栋、罗大琴编写，第 9 章"物理架构分析"由商发李运华、王海鹰编写，第 10 章"MBSE 主要工具"由商飞康文文编写，第 11 章"基于模型的起落架系统设计"由商飞陈冬生编写，第 12 章"基于模型的航空发动机控制系统设计与验证"由商发张园锁、刘璐编写，专著全书统稿与校对由商飞邬昊憼、许星恺完成。同时感谢上海创景信息科技有限公司代杰专家与苏州同元软控信息技术有限公司陈立平专家和上官端森博士对本书的支持。编写人员经验水平有限，如存在不足之处，敬请批评指正。

本书主要向读者阐述了 MBSE 在商用飞机主要研发设计领域（场景定义、功能分析、架构定义等）的应用过程与方法。MBSE 作为一种技术手段在其他复杂系统设计领域中有着更为广阔的应用空间，需要广大设计人员挖掘与探索，希望本书能为大家提供建设性的参考。

目　录

第1部分　基　础　篇

第 2 部分　方 法 篇

第3部分 案 例 篇

第 1 部分　基　础　篇

第1章 传统系统工程

1.1 系统工程的定义与理论基础

系统工程是近年来兴起的学科，广泛应用于日常产品、技术开发及各类服务工作中。系统工程是一种科学方法，其目的是实现系统的目标，通过研究系统的各种需求、逻辑功能、物理架构、环境约束、信息流、控制因素等，使系统的各组成部分以及外部影响因素不断协调优化，实现系统整体的目标最优。

1.1.1 系统的概念与特点

关于系统工程，有诸多定义说明，首先对"系统"进行说明。钱学森指出：极其复杂的研制对象称为系统，即由相互作用和相互依赖的若干组成部分结合成的具有特定功能的有机整体，而这个系统本身又是它从属的一个更大系统的组成部分；不论复杂工程还是大企业，抑或国家的部门，都可以作为体系[1]。汪应洛认为系统是由两个以上有机联系、相互作用的要素所组成，具有特定功能、结构和环境的整体，并有要素、环境、结构和功能4个要点[2]。孙东川把系统定义为系统是由相互联系、相互作用的许多要素组成的具有特定功能的复合体[3]。根据ISO/IEC 15288：2008标准的定义，系统是人创造创建并用于在定义明确的环境中提供产品和服务，使用户和其他利益攸关方受益。这些系统可以配置有一个或多个系统元素：硬件、软件、数据、人员、流程、程序、设施、材料和自然界存在的实体。一个特指的系统及其架构、系统元素的理解和定义取决于观察者的兴趣和职责。一个人所感兴趣之系统可能是另外一个人所感兴趣之系统的系统元素。此外，一个人所感兴趣之系统可能是另外一个人所感兴趣之系统的运行环境的一部分[4]。

从诸多的理论和定义可以看出，系统的概念非常广泛，从自然的海洋、气象系统，直至高度复杂的航空航天系统都是关注的对象；整体性是系统的核心特征要素及关注点，不能脱离整体关注要素，也要注意整体是由相互关联的要素组成的，要素之间具有约束性；任何系统尤其是复杂系统都具有开放性，存在于一定外部环境并与之产生物质、能量以及信息的交换，必须高度关注其对于环境的适应性。

系统的范围或内容是由所研究或感兴趣的问题或对象决定的。系统应当具有特定的组成架构，并能够完成确定的功能。系统整体的功能由组成系统的要素和特定架构决定，但是任何一部分要素均无法完成系统整体的功能。针对不同的目的或用户，系统的概念非常容易发生变化，组成系统的一部分要素可能成为某个目标的系统，当前的系统就成为新系统的外部环境；或者，当前的系统如果从更宏观角度看，就成为更大系统的组成部分，也就是多系统的系统。如图 1-1 所示，动力装置是飞机系统的重要组成部件，但动力装置本身也是一个非常复杂的系统，而飞机就成为动力装置安装的外部环境因素。飞机是非常复杂的系统，但从整个航空塔运行系统角度而言，飞机、地面维修设备、塔台等也是其组成部分，如图 1-2 所示。

图 1-1 发动机系统和飞机系统

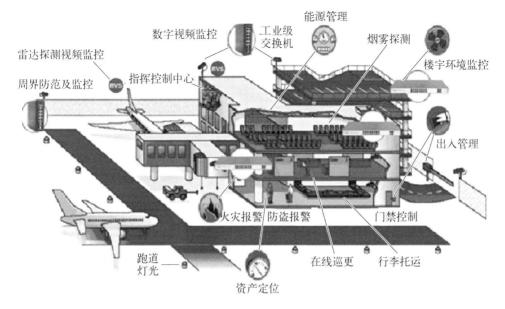

数字视频监控　能源管理
工业级
交换机　烟雾探测
雷达探测视频监控　楼宇环境监控
周界防范及监控　指挥控制中心
出入管理
火灾报警　防盗报警　门禁控制
跑道
灯光　在线巡更　行李托运
资产定位

图 1-2　飞机、机场系统

　　当前复杂系统朝两个尺度进行演化：一个是宏观尺度，工程领域是从传统的设备、复杂装备系统、工厂、城市、陆地、海洋、地球延伸到太空星系，社会领域中通过通信、信息技术将全球、全世界人类联系在一起；另一个是微观尺度，从零件、微型系统到诸如基因工程和纳米技术等微观系统，社会领域中将偌大地球分割为独立的个体，每个人在家里就可以完成协同工作并得到生活、娱乐等一系列复杂的服务。

　　系统的特征可以总结为：所研究的系统必须是具有特定目的或目标的对象；系统是由诸多不同的要素组成的；系统整体的功能和特性是其任何一部分要素作用无法发挥的；系统内部的所有要素之间、要素与外部环境之间相互作用表现出系统整体的功能；系统都处于外部环境之中，系统与外部环境之间进行物质、能量和信息的交换；复杂系统可以分为较多上下包含的层次结构。图 1-3 所示为常见的飞机航电系统的组成要素，可以看出复杂系统要素之间复杂的联系和作用。

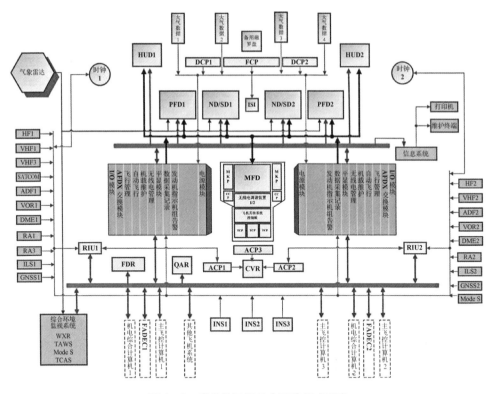

图 1-3 常见的飞机航电系统组成要素

1.1.2 系统工程的概念与特点

钱学森对于系统工程的定义为：系统工程是组织管理系统的规划、研究、设计、制造、试验和使用的科学方法，是一种对所有系统都具有普遍意义的科学方法[1]。美国学者 Chestnut[5] 指出，系统工程认为虽然每个系统都是由许多不同的特殊功能部分所组成，而这些功能部分之间又存在着相互关系，但是每个系统都是完整的整体，每个系统都要求有一个或若干个目标。系统工程则是按照各个目标进行权衡，全面求得最优解（或满意解）的方法，并使各组成部分能够最大限度地互相适应。汪应洛认为系统工程是从总体出发，合理开发、运行和革新一个大规模复杂系统所需的思想、理论、方法论、方法与技术的总称，属于一门综合性的工程技术。系统工程国际委员会（International Council on Systems

Engineering，INCOSE）对于系统工程的定义为：系统工程（systems engineering，SE）是一种能够使系统实现跨学科的方法和手段。系统工程专注于在系统开发的早期阶段就定义并文档化用户需求，然后再考虑系统运行、成本、进度、性能、培训、保障、试验、制造等问题，并进行系统设计和确认。SE 以提供满足用户需求的高质量产品为目的，同时考虑了所有用户的业务和技术需求。

系统工程有其自身特点。孙冬川将其归纳为"一个系统，两个最优"[3]。"一个系统"是指：系统工程以系统为研究对象，要求全面地、综合地考虑问题。"两个最优"是指：研究系统的目标是实现系统总体效果最优，同时，实现这一目标的方法或途径也要求达到最优。

总体来说，系统工程可以总结为具有如下特点：针对复杂系统的多领域多学科交叉理论；强调生命周期；管理过程与技术过程并重。

大型复杂系统，需要用到大量多学科的复杂知识与工具，以航空航天领域的飞机、火箭、发动机等复杂产品为例，需要燃烧学、固体力学、热力学、气动力学、流体力学、结构设计、材料学、制造工艺、电子科学、软件工程、控制学、测试、试验等十几种甚至几十种学科的协同运用。图 1-4 所示为航空发动机所涉及的主要部件和工程学科。

实际应用中，系统工程一般强调生命周期分析，包括需求分析与概念定义、联合定义、详细定义、制造与适航合格审定、产业化、退役等全部过程。而在每个过程中，系统工程着眼于根据输入或需求确定目标，通过分解、分析、比较优化综合后提出最优化解决方案，并实施验证以达到符合最初目标的目的。系统工程不仅注重研究整体，而且通过分析各组成部分相互之间的约束关系，选择最简洁、最优化的组合方式和架构方式，并通过权衡不同架构组成对于目标的影响，最终做出最优决策。

系统工程的目标是满足用户的需求，复杂系统和目标的实现不仅仅要依靠科学理论和工程技术，而且进度、成本、供应链、安全、保密以及环保等多维度因素均需符合要求。因此，系统工程不仅研究技术流程，而且要考虑各类管理因素。图 1-5 所示为 INCOSE 系统工程手册中引用的关键系统工程作用活动。从

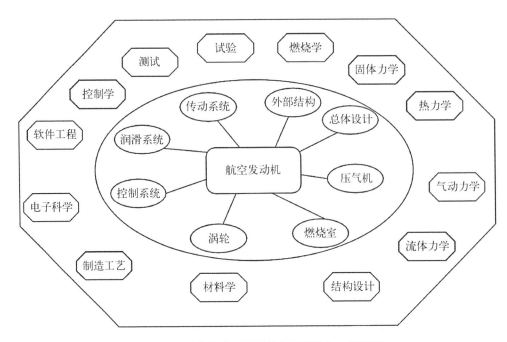

图 1-4 航空发动机涉及的主要部件与工程学科

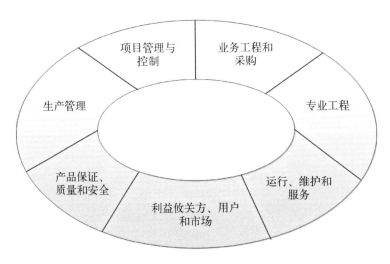

图 1-5 关键系统工程作用活动

图 1-5 中可以看出，除了部分专业技术活动之外，系统工程涉及大量的管理过程。因此，从事系统工程工作的科学家或工程师不仅要具备专业技术能力，还必须具有良好的管理、协调、沟通能力。

系统工程是在 20 世纪 20 年代开始兴起的一门新兴实用学科，最早起源于贝尔实验室。第二次世界大战以来，随着材料、电子、控制、信息等技术的发展，系统工程在飞机、军事装备、火箭、卫星等复杂系统中的应用越来越广泛，对现代工程产生了巨大而深远的影响。相关理论有运筹学（operations research）、管理科学（management science）、系统分析（system analysis）、系统研究（system research）、信息理论（information theory）、控制理论（control theory）、计算机科学（computer science）、软件工程（software engineering）等，主要通过研究提升现有系统的效率、分析企业经营管理、研究新系统设计方法、对于不同系统/方法/架构进行优化比较、降低成本、实现最优控制、提升大型复杂程序的可靠性等。随着系统工程的研究与应用，中外学者对于系统工程都有较多的理论研究。1954 年，钱学森在美国出版了《工程控制论》，将控制论思想引入了航空航天的导航与制导系统[6]。1957 年，美国密执安大学 Goode H. H. 和 Machol R. E. 写了第一本《系统工程——大系统导论》[7]。1965 年，Machol R. E. 编写了《系统工程手册》，至此初步形成了较完整的理论体系[8]。1972 年，国际应用系统分析研究所（IIASA）在维也纳成立，这标志着系统工程应用到社会经济领域。我国从 20 世纪 50 年代开始有学者研究系统工程相关理论，主要标志有许国志的运筹学理论[9]、华罗庚的统筹方法理论[10] 等，而钱学森回国后将系统工程的理念和方法推广应用至航天领域并取得卓越的成绩。1956—1970 年，我国用了 14 年时间成功研制出"两弹一星"（导弹、核弹、人造卫星），系统工程的理论和方法在其中发挥着不可或缺的作用。1978 年，钱学森、许国志、王寿云联合署名在上海《文汇报》发表重要文章《组织管理的技术——系统工程》，推动系统工程方法在工业、农业、能源、人口、人才教育领域不断应用发展。1990年至今，国内汪应洛、王众托、孙川东等学者不断对系统工程科学进行研究与应用，推动其发展，出版了多本此领域著作[11]。近年来，INCOSE 结合全球系统工程专家的实践，编制了《系统工程手册：系统生命周期流程和活动指南》[4]，张新国组织完成了此手册中文版的翻译，对于系统工程的发展尤其是在航空领域的应用起到了极大的促进作用。

美国从 1961 年到 1972 年开展了阿波罗计划（Apollo Project），成功实现了人类历史上首次登月。该计划的成功实施体现了系统工程的重要性。随后，系统工程受到了世界各国的高度重视，广泛应用到复杂工程技术、自然科学和社会科学等各领域。1990 年后，随着互联网、信息技术的兴起，以先进的计算机技术和通信技术为基础的信息网络成功应用于各行各业，系统工程科学逐步在网络和通信等领域发展应用。进入 21 世纪后，系统工程在众多重大工程项目中发挥出重要作用，其中载人航天工程是成功的应用案例。2003 年，胡锦涛在庆祝"神舟五号"胜利归来的大会上表示："载人航天是规模宏大、高度集成的系统工程，全国 110 多个研究院所、3 000 多个协作配套单位和几十万工作人员承担了研制建设任务[12]。"随着系统工程的发展，多系统的系统（system of system，SoS）工程也应运而生，并在复杂系统中进行研究和实施。波音公司认为 SoS 工程是一种系统化、规律化的系统工程过程，用于定义 SoS 和系统能力以及网络兼容架构；将功能分配给一组要素，包括系统和子系统，以及在系统的整个生命周期内协调设计、生产、维护策略[13]。当前，电子商务、电子政务、远程教学、远程医疗、物联网、大数据、云计算、生物芯片、3D 打印、人脸识别等应用和技术不断产生，系统的复杂性大大增加，系统工程科学体系的应用越来越广泛。人类社会处在系统工程时代！

1.2 复杂产品系统工程

1.2.1 产品系统工程

传统系统工程一般是指产品系统工程，也就是将系统工程理论以及系统工程的定义、分析、实现、控制和持续改进等工程方法运用于产品系统领域和产品系统生命周期活动的系统工程。

所谓"产品系统"，是需要开发并交付给买方或提供给内部或外部用户使用产品的系统。参考 INCOSE 的系统工程知识框架中的定义，产品系统属于工程系统（engineered systems）的一部分，按照分类，工程系统除了产品系统，还包括服务系统和企业系统。

根据 EIA632A 的定义[14]，产品系统（product systems）由最终产品和使能产品组成。使能产品的开发和使用需要与最终产品紧密结合，使能产品是为最终产品的研制、生产、使用维护和退役提供支持服务而产生的。最终产品如果没有使能产品提供支持服务，则无法继续生命周期从概念、研制、批产、运营支持直至最终退役的活动。因此，系统工程应从一开始就考虑产品系统的生命周期过程活动、系统运行环境、产品系统对使能产品的要求，并开始相关使能系统的研制工作，而各使能系统需要按照预定计划完成，并在对应阶段完成，为最终产品提供相应的服务，从而有效地支持最终产品系统的生命周期活动。以航空发动机产品系统为例，发动机使能系统和最终产品的关系如图 1-6 所示。

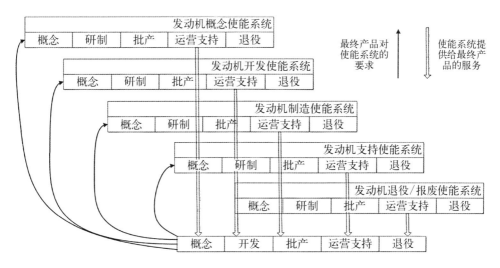

图 1-6　发动机使能系统与最终产品的系统关系图

创造价值是产品系统工程的核心，给制造企业、用户等利益攸关方提供最大价值，是产品系统工程的核心驱动力。因此，在产品系统工程前期，可以结合产品研制过程中的第一步，即产品需求确定工作，实现一个完整价值创造过程。产品策划工作主要执行企业战略分析、市场需求调研、新技术风险和投资回报分析等工作，从创造价值出发，分析不同产品战略的投资回报率、机遇和风险，最终形成与客户需要匹配、市场定位和地区范围清晰、与企业核心竞争力挂钩的产品战略以及对此产品战略的商业利润分析等，从而确定应启动研制的产品，再进行系统工程的活动。

产品系统工程具有以下主要特点。

（1）新研制和改型产品应以用户和市场为导向，对全球经济、持续的技术革新、不断变化的市场和用户需要做出快速反应，要求产品具有灵活性和可适配性，并在费用、时间周期、性能和质量上有竞争优势，同时新研制产品与公司自身的商业目标、市场定位、财务目标、内部能力和企业核心竞争力紧密联系，产品应基于现有的和未来的市场需求和技术能力。

（2）产品本身具备多学科综合特性，多学科领域之间应紧密合作，包括工程内部团队（如机械、电气、结构、材料等）之间，以及工程与市场、销售、制造、分销、用户支持、法律等专业之间。

（3）产品系统工程应考虑"从摇篮到坟墓"的全生命周期的产品系统，包括最终产品和使能系统环境。

（4）单个型号产品一般属于某个家族产品线，应同时考虑单个型号产品和产品线的关联关系。

（5）复杂产品通常由多层级的部件、组件、设备、子系统和系统组成，而很多部分由供应商提供，因此供应链的构建和紧密合作是确保产品成功实现的关键。

（6）大规模复杂产品的成功研制需要经历一个漫长复杂的集成和测试过程，在这个过程中，保持最初的项目需要和假设是具有挑战性的。

（7）鉴于公众安全、环境保护和兼容性等要求，一般产品均需要官方组织进行外部认证。

（8）产品一般有一套复杂的分销网络实现把产品交到用户手中，由于产品用户和生成方的地理位置不同，这对产品的交付、维护和支持具有一定的挑战。

1.2.2　多系统的系统

多系统的系统，又称为超级系统，是在一系列已有系统的基础之上，以任务为导向，整合所有相关资源，构筑一个新的、更复杂的大系统，并且这个大系统能够呈现超越单个系统所能提供的全新的功能和性能[15]。

基于以上定义，多系统的系统工程也是一种系统化的、结构化的系统工程过程，用于构建和定义某多系统的系统及其预期的作用/能力，并将这种作用/能力分配到其各组成部分（包括系统、子系统）上，并制订各组成系统的协同策略，用于多系统的系统设计、生产、运营和维护的生命周期过程中。多系统的系统工程实际上是传统系统工程概念的拓展和延伸，这里的系统工程不仅仅是一个过程，而是一套方法学，是用系统工程的思想、方法在更大范围、更高的层级上构建新的体系，所以多系统的系统工程也被称为"体系工程"。如图1-7所示，飞机系统外部有订票系统和空管系统等形成航空运输系统，内部有机体系统、导航系统、飞控系统、飞行机组以及集成推进系统等子系统。以燃气涡轮推进系统为例，集成推进系统又可以分为压气机、燃烧室、涡轮、外部短舱、机械系统、控制系统等子部件和子系统。因此，飞机系统是一类较典型的多系统的系统。

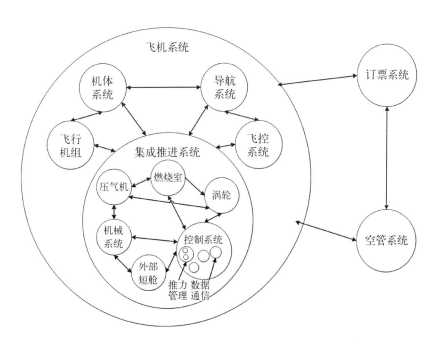

图1-7 典型的多系统的系统——飞机及集成推进系统

多系统的系统工程具有以下特点。

（1）导向性：多系统的系统工程的构建是以目标/任务为导向的。

（2）独立性与协同性：每个构成多系统的系统的系统都是独立的系统，能够单独运转，这些系统相互之间能够进行交互，并根据一定的策略进行协同。

（3）涌现性：多系统的系统工程是跨企业的，是由一系列的企业系统、服务系统和产品系统动态地组合在一起，形成超越任何个体企业所能提供的系统的能力。

相比于传统系统，多系统的系统的活动具有更大的挑战，具体如下。

（1）多系统的系统中各系统都是可以自主的系统，可以独立运行。

（2）多系统的系统的各系统组件有不同的生命周期。

（3）多系统的系统的初始需求是比较模糊的。

（4）多系统的系统的复杂性大于单个系统的累加。

（5）多系统的系统中各系统由不同的组织研制，有更加复杂的组合式的项目管理模式。

（6）多系统的系统的边界具有不确定性。

（7）多系统的系统将持续演进。

为适应多系统的系统的活动挑战，使系统工程更好地应用在项目中，敏捷系统工程等一系列方法应运而生。

1.2.3 敏捷系统工程

产品生命周期模型是企业为了产品的生命周期管理而建立的一系列过程的集成，用于指导与产品相关的生命周期活动。

敏捷系统工程是将传统系统工程的过程"轻量化"，优先满足那些最迫切的用户需求，包括迅速引入新技术，加速产品的技术研制和交付过程，以适应快速变化的需求并赢得市场竞争。

敏捷系统工程实际上是将"敏捷性"思想引入系统工程。所谓"敏捷"，是指"在一个多变的市场环境中能够对新产生的和变化的用户需求做出快速的响应"。以航空领域为例，民机制造商往往面临着快速变化的市场需求，这种变化一方面来自用户需求的不断变化，随时会产生新的需求，另一方面来自材料、控制、信息等新技术的不断发展，民机系统必须不断引入和应用这些新技术以改善已有性能。这就要求民机系统研制必须对这些变化具备快速响应的能力。

"敏捷"方法最初应用于软件工程。软件的工程开发是一个由需求分析到软件系统架构设计，再到完成代码编写并实现的有序过程。由于软件设计对最初的需求依赖性很大，一旦需求发生变化，很容易引起软件设计返工，进而引起进度延误等问题。

因此，软件工程中的"敏捷"，在于根据用户的关键需求，短期内先开发出一个能满足基本功能的初始版本，从而缩短开发流程，后续再根据新的需求进一步完善。

民用飞机和发动机也是非常复杂的系统，同样面临与软件工程相类似的问题。新材料、新技术会不断发展，用户需求也会发生变化，随时产生新的需求，这样都会导致飞机越来越复杂。与之相应地，传统系统工程项目中，开发团队会越来越庞大，团队之间的沟通和交流会日趋频繁，研制流程也会越来越复杂，从而拖累项目进度，延长项目周期。因此，在传统系统工程中应用敏捷的方法，基于需求要点，缩短项目开发流程，这对于飞机研制的意义越来越重大。

敏捷系统工程的内容要点如下。

（1）优先满足那些最迫切的需求，不断精简和改进现有的产品开发流程，缩短产品的研发周期，在最短的时间内拿出最新的产品。

（2）项目团队成员都理解、接受并遵循同一个经过精简的系统工程过程。

（3）针对新的用户需求，能够快速开发相应功能模块。例如，在现有系统上新增功能单元或设施以满足新的用户需求。

（4）能够快速改进或升级已有系统以提高系统的整体性能。例如，利用最新的软件升级现有的机载系统。以航空发动机健康管理系统开发为例。首先，按照健康管理系统利益攸关方（如航空公司、飞机制造商以及发动机制造商等）对需求的迫切程度，对健康管理系统需求进行排序，优先列出利益攸关方最期待的系统应具备的功能，如发动机振动状态监测、发动机气路状态监测、发动机燃滑油状态监测等功能。其次，将这些功能分配到不同的部件系统专业团队。专业团队成员基于前期型号经验和试验数据，开展系统仿真及试验数据验证，针对不同的功能快速搭建原型系统进行算法逻辑验证，并与利益攸关方开展需求确认。最后，确定需求的合理性以及需求开发的技术路线，按照复杂机载系统开发流程开展研制工作，依据需求要点缩短健康管理系统的开发周期。

1.3　系统工程过程

1.3.1　生命周期模型

产品生命周期模型是企业为了产品的生命周期管理建立的一系列过程的集成，用于指导与产品相关的全部生命周期活动。

生命周期模型具有时序关系，从利益攸关方的需求分析开始，逐步将产品清晰化，将产品需求逐步变为功能、接口以及架构，以开展各层级的设计工作；为了保证需求的正确性和完整性，须开展需求确认工作，同时为了保证设计的合理性，也应开展设计验证工作。在层层分解形成详细设计方案后，开始进入部件、系统、产品的制造、组装、集成和试验工作。经过层层验证和确认，确保满足利益攸关方的需要，后续产品进入批产、产品售后服务等工作，最后考虑产品的报废。

鉴于飞机和发动机这类高度复杂产品的特点，即产品生命周期中具有不同阶段的活动，并考虑一个阶段内多个过程的高度关联性和完整性，为了方便产品系统工程过程集描述，中国商飞上海飞机设计研究院把此类产品的生命周期划分为4个阶段。

（1）需求分析与概念设计阶段。该阶段是逐步形成一个可行的产品概念方案，并启动项目的过程，包含3个子阶段：概念开发阶段、立项论证阶段、可行性论证阶段。

（2）产品与服务定义阶段。该阶段在项目立项、可行性获批之后，整个阶段包括从开始研制到最终形成产品的全过程，是开发一个满足用户需求的产品系统的过程。针对飞机和发动机这一类高度复杂产品的特点，其研制主要采用一个 V 形的自顶向下的过程，包含 2 个子阶段：初步设计阶段和详细设计阶段。

（3）制造取证阶段。该阶段位于 V 形研制阶段的右边（见图 1－8），主要是逐级进行产品的制造、集成、实现验证和产品确认的过程，最终形成产品并完成交付，包含 2 个子阶段：全面试制阶段、试验取证阶段。

（4）产业化阶段。完成产品研制后，根据运营情况，进行产品和服务的改进，完成产品和服务的确认，最终验收项目，包含 2 个子阶段：产品与服务验收阶段、持续运营/退役阶段。

参照中国商飞上海飞机设计研究院的划分模式，民用发动机的产品生命周期模型如图 1－8 所示。

在产品生命周期的阶段性工作关键时间节点上，一般是通过决策门实现对上一阶段工作的回顾，以及实现对是否进入下一阶段工作的控制。产品生命周期活动具有阶段性的特点：一般是完成本阶段的主要和重要的工作，其工作成果将作为下一步工作的输入，其正确性和完整性对后续工作有重要影响，而这些关键的工作结果内容将会纳入转阶段的评审中，通过评审是否满足一定准则的条件判断是否可以顺利开展后续工作。

1.3.2 主要的技术过程

技术过程用于定义系统需求，以将需求转换为有效的产品，必要时允许产品进行一致的再生产，使用产品提供所要求的服务，持续提供这些服务并在产品退役时处置产品。技术过程可以分为 14 个主要过程[16]。

1. 市场分析过程

市场分析过程贯穿复杂系统研制的全过程，将在产品整个生命周期内延续，包括批产和运营支持等。以民用发动机为例，发动机产品市场分析过程主要考虑机型销量、推力等级、耗油率、污染/排放等适航条款，以及后期运营维护过程中航空公司操作不便的地方等。

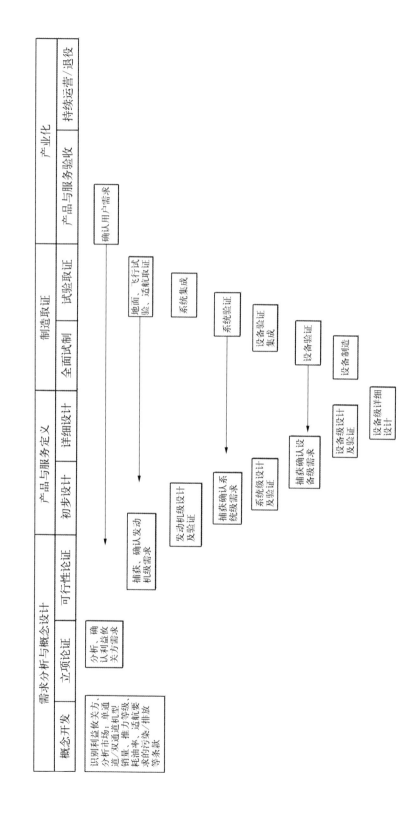

图1-8 民用发动机的产品生命周期模型

在需求分析与概念设计阶段，要求探究最大可能的设计空间，设计多种可替代产品方案，进行大范围的权衡迭代研究。在该阶段结束时，挑选出唯一的候选技术方案，向潜在用户征求意见，并向决策部门提出立项申请。

在产品与服务定义阶段，对概念设计阶段提出的初步技术方案进行细化和优化，并开始招标选择主要的部件和系统供应商。该阶段结束时，设计方案将被冻结，向研制方向潜在用户征求对设计方案的意见，并获得用户的认可，即拿到一定数量的订单。

在制造取证阶段，要投入大量的人力、物力和财力把产品与服务定义阶段的设计定义变成千万个可供制造的实际零部件。该阶段结束时，首样产品应满足适航要求的相关制造、装配和试验，并取得型号合格证。

2. 利益攸关方需要捕获过程

利益攸关方需要捕获的目的是完整识别利益攸关方，并获得、协调和维护利益攸关方的需要，此过程是技术过程中的初始过程，目的是规范项目研制范围，为系统设计和产品实现奠定基础。

3. 功能分析过程

根据 SAE ARP4754A 标准[17]，"功能是一种用户期望的产品行为，建立在对一组用户需求的定义之上，并且定义功能时不考虑其具体实现"。

SAE ARP4754A 标准中表明：飞机功能及其相关需求的开发是飞机研制生命周期的首要过程。飞机功能及其功能接口、相关的安全性需求，是进行系统架构设计和其他工作的基础。功能分析的目的在于描述产品的功能特性，包括自上而下对产品预期功能的识别和定义，通过功能分解建立产品的功能架构，从而指导产品的实现。功能分析主要包括功能的识别和定义、功能分解和功能分配。

4. 需求分析过程

需求分析过程是将捕获的利益攸关方需要和功能分析结果转化为正式技术需求的过程。此过程中，需要首先对功能分析形成的功能进行性能和其他指标的量化定义，形成功能性需求，同时对基于系统的其他利益攸关方需要、项目目标和约束进行分析，并通过一系列的定义活动，形成产品非功能需求，最后用标准的语言对需求进行描述，形成一致的、可追溯的、可验证的系统需求。

5. 设计综合过程

设计综合是一项创造性的工作，主要通过定义和分配产品组件元素的方式，将功能架构和需求转换为物理架构。该物理架构包括产品的定义和规范，按照该物理架构机型实现和继承后的产品，应能满足功能和性能等需求。民用发动机的综合设计工作有3个特点：层次化、专业协同化和迭代化。

（1）层次化。由于民用发动机的复杂性，无法通过一个层级的设计把工作展开分解到可以实施和管理的程度。以燃气涡轮发动机为例，发动机可以分为压气机、燃烧室、涡轮、控制系统、机械系统、空气系统等，每个部件系统都有各自的专业，在系统内部同样也会进一步拆分，如控制系统可进一步拆分为控制系统总体、控制系统软件、电子电气、机械液压，以保证功能可实施、可管理。

（2）专业协同化。由于设计综合是一个产生方案的过程，而设计方案涉及发动机所有设计专业的工作，这些工作包括发动机的总体设计，如总体布局、外形、重量、人为因素、气动、结构、强度等，也包括发动机各分系统的设计，如压气机、燃烧室、涡轮、控制系统等，还包括各类特性的设计，如安全性、可靠性、维修性等。

（3）迭代化。设计综合过程将会和需求分析过程以及功能分析过程进行迭代。设计综合的结果需要进行需求的设计验证，产生的下一层级衍生需求也需要回到需求管理过程中，因此形成和需求管理过程的迭代。设计综合的结果同时需要和功能分析过程进行迭代，确认功能逻辑架构和物理架构的匹配性。

6. 安全性评估过程

安全性评估是对产品安全性进行系统性综合评价，以表明其满足相关的安全性需求。安全性评估过程是安全性需求捕获、分配、确认、设计、实现和验证的过程，是复杂系统研制过程中不可或缺的重要组成部分。

7. 需求确认过程

在需求定义的每个层级都要确认需求和假设，包括飞机功能、系统和子系统级的需求确认，还有各层级功能危害性分析的确认。确认过程的输入包括系统描述（包含运行环境）、系统需求、系统架构定义以及研制保证等级。需求确认的重要目的在于确保所定义需求的正确性和完整性。需求陈述的正确性是指在需求陈述和属性中不存在歧义和错误，如果需求彼此之间没有出现矛盾，则认为这一系列需求是正确的。需求陈述的完整性是指需求没有遗漏，并且内容对设计实施是必要的和充分的。一整套需求定义了产品、系统或设备在所有运行条件（如恶劣条件、非常规工况）和模式下的行为。确认结果用于证实：需求可以正确地贯彻上一层级确定的预期需求和功能；需求对于下一步设计活动是充分正确和完整的。

8. 产品实施过程

产品实施是将产品从虚拟转换为实物的过程。根据阶段和对应范围的不同，所实施的产品可以是部件、系统、设备、软件、硬件，也可以是使能系统组成的试验台、模型、仿真件等。这些产品可以通过自行研制、采购或者部分或全部重复使用等不同的实施方式获得，这些产品实施方式的决策应在设计综合阶段即通过权衡分析研究获得。

9. 产品集成过程

产品集成跨接产品实现和正式的验证、确认工作，是集成多个简单子系统从而实现一个复杂系统的过程，实现了设计集成过程中 V 形右侧自底向上形成产品的过程。

在需求分析、功能分析和设计综合的递归过程中，将复杂度逐级分解，直到把每个单元分解到可实施、可管理的程度，而产品集成则是对单元进行组合，是一个把复杂度逐层聚合的过程。产品集成可在每个层级实施，如发动机部件集成为发动机本体——多个设备形成单个部件，多部件形成发动机本体，最终形成产品，直到最终产品与外部相关环境集成，形成产品系统。

10. 实施验证过程

实施验证过程的目的是表明每层级的实施都满足了对应层级的需求，如民用航空发动机的实施验证包括：发动机零组件试验、部件/系统试验、核心机试验（地面+高空台）、地面室内整机试验、地面户外整机试验、飞行台试验，对应验证发动机零组件设计需求、部件/系统设计需求、核心机设计需求、整机设计需求。它主要包括以下 3 个目标。

（1）确定预期的功能已经正确实现。

（2）确定所有需求都已得到满足。

（3）对于所实现的系统，确保其安全性分析是有效的。在实施验证的过程中，需要明确定义实施验证的目的、原则、角色及职责、活动交付物，需定义详细的实施验证的流程，包括实施验证计划制订、分配实施验证方法、捕获验证证据，对验证结果进行评审等活动。

11. 产品确认过程

产品确认是指最终的民机产品能够在预期的运行环境中满足用户等利益攸关方最初的期望，并通过验收测试、分析、检查和试运行等方式证明最终产品能够满足这些期望。与型号研制过程中各阶段的产品验证不同，产品确认需要追溯到最初用于利益攸关方需要捕获的运营场景，通过典型用户的使用确认型号产品能够在既定使用场景中成功、有效地达到预期性能。

需要注意的是，产品确认是在最终的型号物理实体实现之后进行。产品验证证明的是"系统（需求）被正确地实现了"，而产品确认证明的是"设计研制出的是一个正确的系统"。换言之，产品确认是从用户的立场出发，证实将最终产品投放到运营环境中后能够实现其预期用途。在产品确认过程中出现的任何问题必须在产品交付前得到解决。

12. 交付过程

交付过程是让已经验证的产品上线服役的过程。相关的使能系统有协议中定义的运行系统、支持系统、运行者培训系统、用户培训系统等。

交付过程是将产品的监管和支持从一个组织实体转移给另一个组织实体。这包括但不限于将监管从开发团队转移给将随后运行和保障的组织，交付过程的成功结束通常标志着利益攸关方开始使用所交付的对象。

作为该过程的一部分，在允许受控更改所有权和/或监管之前，买方应验证产品是否可以在预期运行环境中实现预期能力。因工作过程时限较短，为避免合同双方出现纠纷，应组织详细规划。此外，为确保所有活动完成后双方都满意，应进行过程的跟踪和转移计划的监控，以支持和解决转移期间出现的所有问题。

13. 运行支持过程

复杂系统产品，除了设计和制造必须符合相应适航标准外，根据用途和运行环境，其运行和维修还须满足相应运行规章和用户的要求，以保证产品交付后安全、可靠及经济地运行。

14. 报废回收过程

报废回收过程的目的是产品退役，并处理所有系统元素、危险品、废品。此过程按照法规、协议、组织约束、利益攸关方需要将系统和废品以环保的方式进行停用、拆解、拆除和清除。

1.3.3 主要的管理过程

在系统生命周期内，产品和服务的创建或升级是通过项目的开展来管理的。因此，项目流程在 IEEE/ISO/IEC 15288 - 2008 标准中的定义为：项目流程用于建立和演进项目计划、执行项目计划、按计划评估实际的成果和进度，以及控制项目的执行，直到项目完成。按照项目计划或不可预知的事件的要求，单项目流程可在生命周期的任何时候和项目层级结构任何层级被引用。依据项目的风险和复杂性，项目流程设置有严格且规范的级别。管理过程包含 7 个主要过程。

1. 过程保证

过程保证是一种面向产品生命周期，以产品计划的研制活动为被控对象的管理方式，将各阶段的产品研制活动通过评审、监控、审核等方式进行过程证据的收集和整理，以保证产品过程证据的有效性和追溯性，并支持系统研制完成总结报告的管理技术工作。过程保证给适航当局提供安全保证和信心，也是对设计部门在研发过程中必须遵从已批准的计划和标准的管理措施和手段，其实质上要求开发过程及辅助过程的活动"按已计划的去做，做已计划的工作，记录好已完成的计划的工作"[4]，就是确保开发过程及辅助过程的工作质量。

过程保证的主要目标是确保产品的研制能按既定的计划完成，并确保研制保证工作得以保持和跟踪，从而保证项目研制工作得以保持和遵守。通过过程保证，可以达到以下目标。

（1）为系统研制过程提供及时、准确的信息，以促进对系统问题的纠正和采取预防性活动。

（2）为活动完整性提供独立证据，作为审定和鉴定过程的一部分。

（3）为研制的产品和交付物的完整性提供独立的保证。

（4）通过过程保证对评审过程提供支持。

（5）保证评审过程的有效性。

（6）保证经验教训被适当吸收。

过程保证活动是对开发全过程活动的监控，因此，从事过程保证的组织机构或职责与研制过程之间应保持一定的独立性。

2. 决策管理

决策在系统生命周期的任何阶段都有可能发生，在系统生命周期过程中，很多决策由于涉及不同的利益攸关方、不同的目标，因此存在很大的不确定性，工作难度较大。同时，由于决策会直接影响到后续的行动，因此重要决策（如关键里程碑和项目决策门决策）如果发生错误，则会带来严重的后果。因此，需要一个正式的、科学的、符合系统工程要求的决策管理过程，确保针对复杂系统的决策结果的正确性。

决策管理过程是提供一个结构化的、科学的分析框架，用于在任何决策点上客观地进行确定、规范、评估并选择最优方案的一系列活动。

3. 风险和机遇管理

风险和机遇都属于不确定的事件和情形，两者同时发生时，导致的结果有消极和积极意义之分，但是两者之间可以相互转换。

风险管理是一个持续的、前瞻性的过程，适用于预测并规避可能会对项目产生负面影响的风险，并积极寻求、发现对项目产生正面影响的机遇。风险管理既属于项目管理过程，也属于系统工程过程。

4. 构型管理

构型管理流程是要在产品生命周期内，保证产品需求、产品构型信息与产品属性之间的一致性。通过构型管理策划、构型标识、构型更改控制、构型状态纪实、构型审核五大功能活动，用技术和行政的手段，建立起规范化的产品研发秩序，保证产品需求和设计目标的实现。构型管理的目的在于确保产品的功能、性能和物理特性的正确识别、记录、确认和验证，建立完整的产品信息；确保对产品特性的变化进行正确识别、审查、批准、记录；确保按照给定的产品构型信息所生产的产品是可识别的。

构型管理策划过程是对项目初期构型管理的工作进行策划，形成构型管理计划，并可根据项目研制进展进行更新修订。根据确定的构型管理计划的要求，实施构型管理过程，包括构型标识、构型更改控制、构型状态纪实和构型审核。

5. 需求管理

需求管理工作属于技术管理工作，对在利益攸关方需要捕获、需求分析和需求确认过程中产生的利益攸关方需要以及功能分析、设计综合、集成、验证和确认过程中产生的、基于需求的设计、验证和确认数据进行管理，确保产品严格满足需求，并最终满足利益攸关方需要。

需求管理工作是"基于需求的工程"的基础，通过建立并在变更过程中维持逐级分层追溯的需求与设计文件树，确保最终产品能够满足最初的需要。为了保证自顶向下的需要、需求、架构和实现是完整的、正确的和一致的，需求管理工作不仅是对需求的管理，还应该通过一个有效的数据和流程管理机制，以需求为核心串联需要、架构、实现以及验证和确认，确保最终实现的正确性。

在项目之初就应对利益攸关方的需要进行管理，以用户的需要为输入定义产品开发的需求，并指导相关设计工作，最终保证产品满足用户的期望。

需求管理过程主要用于以下方面。

（1）管理在需求分析和需求确认过程中产生的产品需求。

（2）建立并维护不同层级需求之间以及需求和利益攸关方需求、用户期望、技术产品需求、产品组件需求、设计规范文档以及验证与确认之间的追溯性。

（3）对产品生命周期内需求基线的变更进行管理。

6. 接口管理

复杂系统由不同组件组成，组件之间存在相互的交联关系，同时复杂系统本身需要与其他系统、人、环境进行交互，这些不同实体之间交互的静态连接和动态关系形成接口定义。接口包括内部接口、外部接口、功能接口和物理接口。一个正确的接口定义是系统能够通过多个组件协同工作完成预定功能的基础，也是系统在环境中与各种要素的有机互动，是满足利益攸关方需要的关键。

复杂系统的接口数量和复杂度的增大会导致系统复杂性增大，对接口进行有效管理在复杂系统的设计实现中具有重要的意义。它包括明确、定义和控制系统或系统元素之间的接口，以确保飞机以及系统之间能够协调工作。接口管理过程完成的主要形式是编写并维护接口控制文件。

根据产生的活动、用途的不同，接口控制文件主要可以分为功能接口控制文件和物理接口控制文件。功能接口控制文件是在功能分析过程中产生的，用以描述功能之间的接口关系；物理接口控制文件是在设计综合过程中产生的，用以描述实现方案中不同物理实体之间的接口关系。功能接口控制文件是为了满足上一层级的功能性需求，以及形成的功能架构中不同子功能之间的接口要求；而物理接口控制文件是设计方案中接口需求分配到物理实体上后，物理实体之间物理接口实现的详细定义。

7. 度量管理

度量管理过程一方面是通过定义各类信息以支持项目管理决策，另一方面用于实施和评估系统工程最佳实践在项目中的运用，以便持续改进项目。度量的目的在于评估系统工程过程和产品是否满足利益攸关方的需要，包括产品交付时间、性能指标和质量指标、资源的有效使用，以及持续地降低成本和缩短项目周期。

度量管理过程作为项目管理过程的一部分，不仅是项目的管理者，系统工程师、分析师、设计师、开发工程师等都会参与项目度量。

除了上述过程外，民用航空强制管理过程还包括适航合格审定管理过程。

对于飞机和发动机这类复杂系统，主制造商（申请人）需接受民航局对其航空产品和零部件的型号合格审定、生产许可审定和适航合格审定，申请人需要与适航当局之间进行有效的沟通交流，在所要使用的方法上达成一致，这些方法用来表明飞机及其系统与项目符合具体的规章要求和工业标准。

参考文献

［1］钱学森等.论系统工程：新世纪版［M］.上海：上海交通大学出版社，2007.

［2］汪应洛.系统工程［M］.北京：机械工业出版社，2010.

［3］孙东川，孙凯，钟拥军.系统工程引论［M］.4版.北京：清华大学出版社，2019.

［4］INCOSE.系统工程手册：系统生命周期流程和活动指南［M］.张新国，译.北京：机械工业出版社，2013.

［5］CHESNUT H. Systems engineering methods［M］. New York：John Wiley & Sons，Inc.，1967.

［6］TSIEN H S. Engineering cybernetics［M］. New York：McGraw-Hill，1954.

［7］GOODE H H，MACHOL R E. Systems engineering［M］. New York：McGraw-Hill，1957.

［8］MACHOL R E. System engineering handbook［M］. New York：McGraw-Hill，1965.

［9］许国志.运筹学［M］.北京：科学普及出版社，1963.

［10］华罗庚.统筹方法平话及补充［M］.北京：中国工业出版社，1965.

［11］王众托.系统工程引论［M］.北京：电子工业出版社，2012.

［12］共产党员网.胡锦涛：在庆祝我国首次载人航天飞行圆满成功大会上的讲话［EB/OL］.（2003－11－07）［2023－05－17］.https：//news. 12371. cn/2014/09/28/ARTI1411888686648882. shtml？from＝groupmessage&isappinstalled＝0.

［13］MARION L B. The Boeing system of systems engineering（SoSE）process and its use in developing legacy-based net-centric systems of systems ［C］. National Defense Industrial Association （NDIA） 12th Annual Systems Engineering Conference，October 26－29，2009.

［14］Processes for engineering a system：EIA632A ［S］. SAE，2021.

［15］DOVE R. Fundamental principles for agile systems engineering ［C］. Conference on Systems Engineering Research （CSER），System Institute of Technology，Hoboken，NJ，March，2005.

［16］贺东风，赵越让，郭伯智，等.中国商用飞机有限责任公司系统工程手册（第6版）［M］.上海：上海交通大学出版社，2022.

［17］Guidelines for development of civil aircraft and systems：ARP4754A ［S］. SAE，2010.

第2章　基于模型的系统工程发展历程

2.1　从传统系统工程到基于模型的系统工程

在传统的系统工程中，从产品需求、设计方案到相关的管理流程规定等，信息的载体都是不同类型的文档和图纸，用自然语言进行描述，同时辅以少量的模型支持信息表述传递。但是，随着系统复杂程度的提升，自然语言在描述复杂系统和逻辑方面的缺陷就越来越明显，如信息表示不准确、容易产生歧义、难以从海量文档中查找所需信息、无法与其他工程领域的设计相衔接（如软件、机械、电子等）。同时，随着计算机技术的发展，模型的作用则不断增强，应用范围也不断扩大，因此，在传统的系统工程基础上，基于模型的系统工程（model-based systems engineering，MBSE）应运而生。1993 年，亚利桑那大学的 Wymore A. Wayne 教授在其《基于模型的系统工程》一书中正式提出 MBSE[1]。此后，不断有个人和组织对于 MBSE 进行定义和诠释。2007 年，基于在软件工程上应对"软件危机"的成功经验以及一系列的前沿研究项目，INCOSE 给出了基于模型的系统工程的定义：基于模型的系统工程是对系统工程活动中建模方法应用的正式认同，使建模方法支持系统要求、设计、分析、验证和确认等活动，这些活动从概念性设计阶段开始，持续贯穿到设计开发以及后来的全生命阶段[2]。

但是，用模型支持设计并不只有 MBSE 这一概念，在业界，有多个相似的术语：基于模型的定义、基于模型的设计和基于模型的系统工程，这 3 个概念虽然字面相似，但是定义不同，其中又有重叠的概念领域，容易让人混淆，下面将逐一介绍。

29

2.1.1 基于模型的定义

基于模型的定义（model-based definition）是计算机进步的产物。在早期的产品设计中，产品的三维描述主要依赖于以投影法为基础的二维图纸，但是随着三维建模软件的出现，产品空间的描述可通过三维立体展现。相对于二维图纸，三维模型更为直观，并且可以随意调整角度，能使工程师更清晰和直观地了解产品。早在 1990 年，波音公司在研发波音 777 项目时，首次采用了 CATIA 软件，用三维数模取代二维图纸进行飞机研制，极大地缩短了研制周期以及节约了制造成本。基于波音公司成功的经验，美国机械工程师协会于 1997 年在波音公司的协助下开始了基于模型的定义标准的研究和制定工作，并于 2003 年使其所制定的标准成为美国国家标准[3]。

基于模型的定义使用集成的三维实体模型完整表达产品定义信息，详细规定了三维实体模型中产品定义、公差的标注规则和工艺信息的表达方法。它由三维实体模型和文字、数字、字母所描述的其他加工、装配、检测数据信息组成。三维实体模型成为生产制造过程中的唯一依据，改变了传统以工程图纸为主，以三维实体模型为辅的制造方法。如前所述，基于模型的定义是计算机发展的一个产物，并始终随着计算机的进化而进化，从传统的二维工程图纸到基于模型的定义，经历了 3 个阶段。

（1）第一阶段，传统阶段。产品以二维图纸定义为主，通过投影法将不同角度的产品投射到二维图纸上进行展现，公差、工艺等信息标注在图纸中，随着计算机技术的发展，二维图纸渐渐由纸质转换为电子化。

（2）第二阶段，二维与三维并存。随着 CATIA、NX 等三维建模工具的出现，产品可以直接以三维的形式展现在计算机屏幕上，但是设计和生产的基准仍是二维图纸，三维数模帮助设计师和工人理解和认识产品的具体空间形状。但是，随着三维软件的发展，模型的精准度也逐渐提高，设计依据逐渐由二维图纸转化为三维模型，虽然二维图纸仍标注了一些公差、工艺等以帮助生产制造和装配，但是这时主角已经变成了三维模型。

（3）第三阶段，纯三维表述。传统的二维图纸完全被三维模型取代，通过标准化和规范化的定义，在三维模型上可以附加大量的标注信息，支持后期的生产制造装配。

近年来，在航空工业界，波音公司、洛克希德·马丁公司、空客公司等制造商都在全力推广基于模型的定义技术。波音公司在研制梦想客机波音787时，在波音777、波音737NG型号研制经验的基础上，进一步推进MBD技术，利用达索的ENOVIA，构建了波音787飞机逻辑单一产品数据源。这使波音787飞机不仅具有完整的几何数字样机，而且具有性能样机、制造样机和维护样机，便于波音公司与分布在全球的合作者顺利地进行产品各项功能的协同研制工作[4]。

在目前技术的基础上，基于模型的定义的范围和运用也不局限于设计，基于同一模型，产品工艺设计和仿真、相应工艺设备的设计、制造生产线设计和仿真以及运用虚拟现实（virtual reality，VR）技术进一步增强制造装配的可视化等，几乎都将模型的运用进一步扩展至产品下游，贯穿整个设计生产周期，使得基于模型的定义和MBSE的界限渐渐模糊起来。在三维模型方面，基于模型的定义和MBSE有着大量重叠的领域和定义。

2.1.2　基于模型的设计

基于模型的设计（model based design，MBD）是自软件行业发展而来。20世纪60年代，计算机广泛运用带动了软件行业的兴起。但是，早期软件开发并没有统一的方法和流程，仅依照开发者个人习惯或经验进行。第一代编程语言——机器语言由于晦涩难懂，在阅读和去除Bug时困难重重，并且语言和计算机运行环境之间的互通性很差，导致程序的使用和推广效率太低。随后，研发者试图用汇编语言解决这个问题。但这又带来一个新的问题，哈尔斯特德教授在1977年进行了一项统计工作，发现当时市面上存在大约1 000种不同的汇编语言，这还不包括这些语言的变体和不同版本[5]。

20世纪70年代，计算机呈指数增长的复杂度限制了程序员编程的能力。因此，在20世纪80年代，一种以各种图形为基本元素，但不是为了计算机读取，而是为了帮助开发者之间相互理解交流的编程语言出现了。在这种新的开发模式下，开发者首先以图形建立软件的基本架构和相互关系，依据架构将软件分解为不同模块，再将这些模块分别编程，从而将软件的复杂程度解构为可控。这些图形语言，有些适合描述软件架构，有些适合描述软件逻辑，有些则适合描述软件状态[6]。

20 世纪 90 年代中期，在对象管理小组的支持下，3 种主要的面向对象的设计方法结合在一起，并被命名为统一建模语言（unified modeling language, UML）[7]。1998 年，在德国举行的第一届 Mathworks 汽车会议上，来自丰田公司的 Alex Ohata 博士、戴姆勒公司的 Armin Muller、福特汽车公司的 Ken Butts 共同正式提出了 MBD 术语，至此，MBD 正式问世。但是，业界对 MBD 却没有一个统一的定义，Jackson D. 认为基于模型的设计是将系统模型作为整个研发流程的中心，支持需求、设计、实现和测试[8]；Grabmair G. 认为 MBD 是一种可视化的数学方法，是用于解决与设计复杂控制、信号处理和通信系统相关的问题的数学化和可视化手段[9]，不同领域内的定义略有差异，但相同的是都以不同类型的模型为设计中心，贯穿全生命周期。

随着技术的进步，模型的定义不再仅仅局限于图形化的展现，基于模型的设计的优势也逐渐展现。通过在图形化的元素内增加公式、逻辑等计算能力，使得模型可以初步仿真分析，支持产品的早期验证，降低风险和成本。由于模型的表达是基于规定的语法，所以可以借助约定的方法将模型自动转化为代码和自动输出文档，确保代码和模型的等效性，从而减轻开发人员负担，提高工作效率。从 MBD 的发展历史可以看出，越是复杂软件，越是需要一种能够以正式、统一、无歧义的方式描述系统的语言，这也是 MBD 在软件行业内应用越来越广泛的根本原因。

2.1.3 基于模型的系统工程

如前所述，基于 MBSE 的概念提出很早，随着计算机技术的发展，行业对 MBSE 的定义也在不断进化。在 2007 年的 INCOSE 国际研讨会上，INCOSE 将 MBSE 定义为"对建模的形式化应用，用来支持系统的需求、设计、分析、验证和确认活动，这些活动开始于概念设计阶段并持续到整个开发和以后的全生命周期阶段"[2]。相比于前面提到的基于模型的定义和基于模型的设计，MBSE 更强调在全生命周期内对于模型规范化的运用。这其实与系统工程的理念一脉相承，系统工程与其他领域最大的区别就是系统工程不仅仅是强调技术的研制和突破，而是在于将产品研制各过程有机并且高效地融合在一起，"系统工程"是一门基于管理的科学。

随着技术的发展，系统的集成度和复杂度不断提高，传统系统工程基于文档的研制方式，必然遇到信息一致性难以保证、复杂逻辑难以描述、产品构型的更改难以控制等多方面问题，在 INCOSE 系统工程手册中，Spangelo 等[10]、Fosse 等[7] 的论文中都提出了相应的观点。而模型就是系统工程领域的专家提出的解决这些问题的关键工具。相比于基于文档的传统系统工程，MBSE 主要特点如下。

（1）表达的一致性。基于自然语言的文档，由于编写者的语言能力和阅读者的理解能力不同，以及自然语言天然存在的歧义，往往使得知识在设计流程中产生失真，这类失真就会导致设计的错误发生。而模型的搭建都是基于统一的计算机语言，并且模型的可视化避免了自然语言传递时的失真。这个特点确保了设计流程中的上下游专业的理解一致，也使沟通交流的效率大大提升。

（2）基于唯一数据的多视图选择。基于自然语言的文档，如果不同人员有不同的信息需求，只能靠人工去删选、梳理，该方法效率低且易出错。而基于模型，利用所需信息的一些特定标签，计算机可以自动帮助人员梳理出需要的信息，形成个性化的视图，并且不同人员的视图都是基于统一数据源，这也保证了数据的唯一性，确保了信息的准确性。

（3）准确的关系追溯。基于自然语言的文档，不同段落之间、不同文档之间的关联关系只能靠引用和标注确定，再依靠人工逐段关联，这种弱连接关系在大量文档的淹没下很容易丢失。而模型基于语法的组成关系、上下游关系，这些关系在建模过程中就已经存储在模型内，通过计算机可以快速、准确地帮助设计师找到相互关联的模型和对象。

（4）自动化和可复用性。目前，基于自然语言的文档还只能靠人编写，不同项目间的复用也需要靠人工调整确定。而模型采用了规范且准确的计算机语言，并且数据都可以被计算机所理解，因此根据确定的规则可以将一些重复性的工作由计算机实施，如属性检查、接口匹配、数据单位核对等。同时，经过标定的模型可以建立成为成熟的模型库，相同功能或系统可以在不同领域和不同项目中进行选择和复用。

当前，模型已经广泛应用于各学科的研究和应用，但不同领域的模型间存在数据壁垒，模型与模型间无法直接传递数据，如概念设计的架构模型就无法与性能仿真的 Simulink 模型直接传递。在传统系统工程中，文档作为不同专业领域的润滑剂，保证数据和信息的传递。而基于模型的数据如何传递是当前推广 MBSE 的系统工程师所面临的难题。可以肯定的是，抛弃所有现有的模型，创建一个可以适用于一切专业领域的模型是不切实际的。因此，如何确保数据在不同模型中无障碍、准确、高效地传递，全球各企业都在不断尝试着，因此有很多案例，后续将具体介绍。

系统工程国际委员会的《系统工程愿景 2020》中指出：从很多方面看，系统工程的未来可以说是"基于模型的"[11]。图 2-1 所示为基于模型的系统工程发展路线图，可以看出行业内对于模型的应用的发展前景非常乐观。

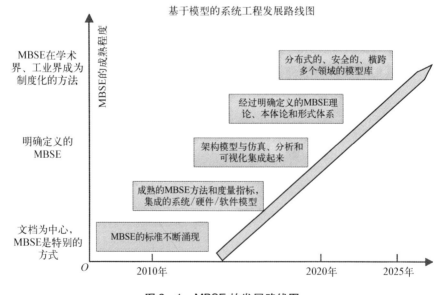

图 2-1　MBSE 的发展路线图

因此，基于模型的定义、基于模型的设计和基于模型的系统工程，这 3 个概念的重点都是基于模型。基于模型的定义关注点在三维模型，基于模型的设计则关注利用模型提升设计质量和效率，而基于模型的系统工程则关注全生命周期的模型运用。

2.2 MBSE 的发展历程

2.2.1 萌芽初生：1985—1995 年

MBSE 最初的十年，是在黑暗中摸索的十年。1993 年，Wymore A. Wayne[1] 在《基于模型的系统工程》一书中提出通过严格的数学表达式对系统工程过程中各种状态和元素进行抽象表达的方法，并且还以数学模型建立了系统工程中各种状态元素之间的联系，这是面向系统工程的模型化描述方法的雏形。这也是在世界上首次正式提出 MBSE 术语，但是当时书中关于 MBSE 的定义与后来的表述有所不同。

2.2.2 语言发展成熟：1996—2006 年

MBSE 的第二个十年，是孕育的十年。传统系统工程基于自然语言的弊端越来越难以适应复杂产品的研制，产品软件代码体量增加，对应一些基于模型的设计需求更为迫切。为了解决这些问题，一些组织机构对 MBSE 陆续开展了理论研究与应用实践，这些工作为 MBSE 的未来运用奠定了基础。

1996 年，ISO 和 INCOSE 启动系统工程数据表达及交换标准化项目，由 ISO 工业自动化与集成技术委员会下属的第四分委会制定出 STEPAP233，即产品模型数据交互规范，用于规范产品生命周期内的产品信息描述，编号为 ISO-10303[12]。STEP 是一组标准的总称，其将产品信息的表达和数据交换的实现方法区分为 6 类，即描述方法、实现方法、集成资源、应用协议、移植性测试方法论和框架、抽象测试集。同年，INCOSE 成立了模型驱动的系统设计研究小组，开展 MBSE 相关的探索。

1997 年，对象管理组织（Object Management Grop，OMG）为了创建面向对象的建模标准方法公开征集意见，用以解决软件概念开发中存在的建模语言类型众多因而难以交互的问题，从而诞生了统一建模语言（UML）[13]。UML 是在多种面向对象的建模方法的基础上创建的标准建模语言，具有开放、通用的特点。最初由 Jim Rumbaugh、Ivar Jacobson 和 Grady Booch 合作创立，后经众多建模专家和开发人员的修改和完善，于 1997 年形成 UML 1.0，后经多次修正，最终经 OMG 投票确认，将 UML 1.1 作为对象建模标准[14]。UML 通常用于对面向对象系统的产品进行描述，实现可视化。UML 包含模型元素、图、视图和通用机制，模型元素是面向对象中的类、对象、消息和关系等的概念，图是模型元素集的图形化展示，视图是对系统的抽象表示，由多个图元素组成，通用机制用于表示其他信息，如注释、语义等。

1998 年，*INSIGHT* 杂志出版《MBSE：一个新范式》专刊，向世界介绍和探讨信息模型对软件工具互操作的重要性、建模的技术细节、MBSE 的客户价值、跨领域智能产品模型等议题，MBSE 正式进入大多数人的视野。

INCOSE 模型驱动的系统设计工作组经过多年的研究，在 2001 年发现，要解决目前系统工程存在的如下问题：① 多种不同的建模技术之间互不支持，无法互相操作；② 缺少可满足不同建模需要（行为、结构等）的通用建模标准；③ 缺少适用于不同系统工程领域的统一标准；④ 建模工具的多样性和独立性，必须要拥有一套自己的系统建模语言，这就是系统建模语言（systems modeling language，SysML）的起源。同年 7 月，INCOSE 和 OMG 联合成立 OMG 系统工程领域专项研究小组，决定重用和扩展 UML 2.0 的子集，在此基础上发展系统工程专用建模语言，为此于 2003 年 3 月发布文件，征集针对系统工程的 UML 提案。

2003 年 3 月，OMG 公布了 *UML for Systems Engineering Request for Proposal*，2003 年 5 月召开了首次会议，并成立了由用户、开发商和政府机构组成的支持 SysML 的非正式组织[15]。

2004 年，SysML 的非正式组织向 OMG 提交了关于 SysML 语言的草案。之后，又陆续提交两次修改版：SysML V0.8 和 SysML V0.85。

2005 年，向 OMG 提交了第三次修改稿，即 SysML V0.9 版本，该版本确定了核心的系统工程图形。

至此，基于模型的系统工程最重要的基石——建模语言确定了。

2.2.3 蓬勃发展：2007—2016 年

MBSE 的第三个十年，是在航空航天、汽车、国防军工等众多行业领域大规模推广实施的十年，是收获满满的十年。

2007 年，OMG 发布了 SysML V1.0，随后经修订和完善，形成新版本，如 SysML V1.1、SysML V1.2 等[16]。

同年，INCOSE 在其《系统工程愿景 2020》[11] 中明确提出 MBSE 的定义：基于模型的系统工程（MBSE）是对系统需求、设计、分析、验证与确认等活动的建模行为的形式化与标准化的应用，贯穿系统研制的全生命周期。该文也提出，MBSE 是机械、电子和软件等工业领域向以模型为中心进行转变的关键部分，期望能够改变其传统的基于文档的建模方法，完全融入系统工程过程以影响系统工程的未来实践。

从 2007 年开始，INCOSE 在连续两年内发布了两个版本的《MBSE 方法学调研综述》[17]，主要介绍了目前业界使用的 MBSE 方法论，以及不同方法论与过程、方法和生命周期模型之间的差异，支持建模的行业标准可视化语言 UML 和 SysML 等内容。这些方法论主要是包括 IBM Harmony SE[18]、INCOSE OOSEM[19]、RUP SE[20]、Vitech MBSE[21]、JPL SA[22]、Dori Object-Process Methodology（OPM）[23] 等。

1. IBM Harmony SE

IBM Harmony SE 起源于 I - Logix 公司，后因公司被收购成为如今的 IBM Rational Harmony。在 Harmony 方法论中，V 模型包含需求分析、系统分析与设计、软件架构设计、代码实现和单元测试、模块集成测试、子系统集成测试和系统验收测试。

2. INCOSE OOSEM

OOSEM 由 INCOSE 开发，是一种自顶向下的方法，使用 OMG SysML 支持系统的规范、分析、设计和验证。OOSEM 利用面向对象的概念和其他建模技术，适应不断发展和变化的技术与需求，并利用视图简化面向对象的软件开发、硬件开发和测试过程的集成。

3. IBM Rational Unified Process for Systems Engineering（RUP SE）

RUP SE 是由 IBM Rational 开发的、由 RUP 派生的系统工程方法。RUP SE 主要用于解决系统工程项目的需求，其目的是将 RUP 的最佳时间应用于软件开发过程，以应对系统分析、设计和开发的挑战，节约时间，降低成本和风险。

4. Vitech MBSE

Vitech MBSE 方法与其公司的建模工具 CORE 具有较强的关联性，该方法论基于 4 个主要的并行 SE 活动，这些活动通过一个公共系统设计存储库进行链接和维护。

5. JPL State Analysis（JPL SA）

状态分析（SA）是 JPL 开发的 MBSE 方法，该方法论利用了基于模型和状态的控制体系结构，提供了一种以显式模型的形式捕获系统和软件需求的过程，从而帮助缩小了系统工程师指定的软件需求与软件工程师实现这些需求之间的差距。

6. Dori OPM

Dori 将对象过程方法（OPM）定义为系统开发、全生命周期支持和演化的形式化范式。OPM 将形式化且简单的 OPD 和受约束的自然语言 OPL 结合在一起，以描述功能、结构和系统行为。

2009 年，随着建模语言、建模方法、行业应用范例的逐步成熟和规范，*INSIGHT* 杂志在第二本《MBSE：这个新范式》专刊中向全世界宣称：MBSE 已具备正式登上历史舞台的一定条件。自此，各行业逐步开始基于 MBSE 的理念，选择并裁剪适合自己的方法论，将 MBSE 运用于自己的产品研发中。

空客公司在 21 世纪初研制 A380 飞机时就尝试运用 MBSE 的方法进行系统功能、逻辑和物理的定义，旨在减少早期研发中的错误和对研制周期的延误，提升飞机进入运营时的成熟度。因此，空客确定了自己的 MBSE 定义、方法、流程、规范以及软件。经过研制 A380 飞机时的探索，在 A350 飞机研制过程中，

空客加大了 MBSE 的运用，并成功地使 A350 飞机首飞后的故障率比 A380 飞机降低了约 25%。

其他航空企业，如波音公司、洛克希德·马丁公司和雷神公司也都积极探索 MBSE 的运用，以面对日益复杂的产品和日益缩短的产品迭代周期。

2.2.4　广泛运用：2017 年至今

当前，中国的系统工程思想逐渐发展成熟，在汽车制造业，吉利、上汽等传统汽车制造商以及蔚来等借助电动车的浪潮发展而起的新兴汽车制造商都借助 MBSE 的理念开展产品设计。在航空业内，MBSE 的理念也成为提高设计效率、降低设计成本的关键因素，各原始设备制造商（original equipment manufacture，OEM）都借助各自的方法和工具开展着 MBSE 探索和实践。

中国商飞很早就意识到系统工程和 MBSE 将给飞机制造业带来革新，公司从上到下都大力推进系统工程和 MBSE 的发展运用。2017 年，国内首本企业级的系统工程手册《中国商用飞机有限责任公司系统工程手册》正式出版，向全世界同行提出了中国商飞公司系统工程定义。在 2019 年出版的《中国商用飞机有限责任公司系统工程手册（第 3 版）》中，MBSE 章节正式入编书中。书中介绍了中国商飞对 MBSE 的理解和运用，并提出中国商飞对 MBSE 的四大愿景。

MBSE 走过三十年，虽然其发展速度并不如业界预期那么乐观，但是其广阔的前景和巨大的潜力，是所有从事复杂产品和系统设计的 OEM 无法忽视的。未来将有更多的企业在更多不同领域对其进行运用。

2.3　MBSE 的未来

2.3.1　MBSE 的未来挑战

自 Wymore 提出 MBSE 起，MBSE 发展至今已经三十年了，不论是基础的定义、形形色色的方法论，还是相应的标准、软件工具和平台，都有了巨大的发展。但是，严格地讲，对标 INCOSE 提出的 5 步发展（见图 2-1），目前 MBSE

的发展似乎并不像我们之前预期的那么乐观，从 TSE 到 MBSE 的转化并没有如预期那么顺利，推进全面的建模工作比预期更为困难。在 MBSE 的第四个十年里，MBSE 的发展将面临一系列的挑战。

1. 知识的挑战

虽然 MBSE 有很多的理论、方法和流程，但是方法再好，也无法代替设计师开展设计工作。而建模的本质是将现实事物的某些特性进行提取并抽象，而 MBSE 对于建模的要求不仅仅是建模，而是将模型按照制定的方法论进行串联，这个过程实际就是将原本存在设计师脑海中的设计过程显性化。因此，无论是 iNCOSE OOSEM 方法论、Harmony SE 方法论，还是 Vitech MBSE 方法论，如果设计团队的知识和能力不够，对于产品的特性不够了解，那么就无法开展建模或搭建的模型偏离太大。因此，知识是 MBSE 的基础，是公司实施 MBSE 的基本要求。

2. 软件的挑战

第二个挑战是软件。MBSE 的基本理念就是通过各种各样的模型串联起产品全生命周期的各项工作。但是，复杂的系统，从开始的利益攸关方梳理分析，到最后的残值分析、产品处理，会利用到各种各样的模型和软件，如目前问题域较为流行的各种 SysML 和类 SysML 语言的软件，性能分析领域的 MATLAB Simulink、Modelica 语言的 dymola、中国本土的 Mworks，三维建模上著名的 Catia 和 NX，再到多物理场常用的 CFX、AMEsim 等。对于如此多的软件的集成，并且要求能够避免不同软件间模型转化带来未知错误的风险，目前没有一个很好的集成机制，较多的还是有着上下游关系的两两集成，如从三维模型可以快速导入多物理场分析软件。

虽然，利用模型取代传统文档的一大好处就是基于模型的复用和成熟的模型库，可快速搭建系统原理架构并开展分析，俗称"搭积木"式的设计方式。但是，目前具体实施过程中，由于对于接口定义的不一致、接口格式不一致、计算速度不一致，导致目前这种"搭积木"的方式在单一软件上较为成熟，但是多个基于不同软件搭建的模型在集成时，就或多或少会存在一些问题，仍需要人工去调整。当然，业界也定义了一些接口定义规则推进这项工作，如基于 FMI （functional mock-up interface）格式的 FMU（functional mock-up unit）模型的集成就比较成熟[24]。

最后，MBSE 需要一个统一的平台，将所有模型和数据保存在一个单一的数据源，这样基于模型的关联、追溯和调用才能实现。目前行业内，达索公司的 3DE[25] 和西门子公司的 TC[26] 是其各自主推的这种平台。通过在平台集成不同的工具，使所有工作都在线上进行并相互关联。但是，这两个平台并没有经过工业界的验证，各自并没有一个很成功的例子可以验证，各大公司对于新平台的优势都抱有很大期待，但是对于单一平台的封闭性、垄断性带来的各类不确定因素也表示担忧。

3. 思想的挑战

再好的理论，再好的方法，仍需要人去实施和运用。MBSE 的第四个十年中，最大的挑战就是人——人的理念和思想。相比于 TSE 只是运用系统工程的思想将原本就存在的一些设计过程规范化、制度化，额外工作增加不多，只是对原来的设计过程限制加强了一些，MBSE 则需要将人们习惯的文档转换为模型，这就意味着设计师除了需要对本职工作精通外，还需要具备使用相应建模软件的能力，不是所有设计师对新知识都有着强烈的渴望，他们会觉得纯粹是浪费时间，这样的例子在很多公司推进 MBSE 的过程中都可以看到，这也是很多公司在推进 MBSE 过程中阻力重重的原因。

同时，建模的过程也需要大量时间，特别是复杂产品。体系化建模更是会增加设计初期的时间。同时，建模工具的费用、建模人员培训等都会增加研发成本，且 MBSE 只有在模型成体系化后才能看出巨大的效果。以上种种就要求领导者具备长远的眼光并顶住产品进度压力，并且运用行政力量去持续不断地推进。

在 MBSE 的第四个十年里，MBSE 正逐步走向成熟，理念也逐步得到人们的认可，如航空业中波音公司和空客公司，已经在最新的型号中部分运用，并且与达索公司和西门子公司建立了长期战略合作伙伴关系，以期在适当的时候全面推广。在中国，中国航空工业集团早在 21 世纪初就在其下属的各大主机研究所推进 MBSE。中国商飞在第 6 版《中国商用飞机有限责任公司系统工程手册》中也介绍了中国商飞在 MBSE 的运用和发展方向。虽然 MBSE 的发展不如之前预计得那么迅速，但是未来可期。

2.3.2 数字主线的概念

数字主线（digital thread）是由美国国防部和美国空军基于目前武器装备系统日益增长的复杂性，在"更好的购买力 3.0"（BBP 3.0）中提出的新的概念和期望，期望在未来的项目中，通过数字化手段将关键信息无缝集成到产品从最初的概念到最后的运营和退役周期中，以提升项目的性能[27]。从美国国防部对于数字设计与制造以及军方采办的流程来看，由于一个型号的研发，会有来自设计、制造、配套成品、试验、使用者等不同单位、不同专业的专家同步开展工作，因此需要一个数字化的单一数据支持他们开展工作并做出正确的决策。

在美国空军 2013 年的《全球视野》报告中，明确提出了数字主线和数字孪生是改变游戏规则的关键因素。其中，数字主线的定义是在武器装备系统研制过程中，通过一种基于数据的技术描述，可以对武器装备系统当前和未来具备的能力进行动态的、实时的评估，辅助完成能力规划及分析、产品初步设计、详细设计、生产制造、运营维护过程中的诸多问题的决策[28]。

但是，随着数字化制造、工业 4.0 和智能制造等概念的推出，数字主线的概念也不仅仅局限于国防、制造领域，而被推广到了整个工业界。美国国防采办大学（Defense Acquisition University，DAU）对其最新的定义是，一个可扩展、结构化、企业层级分析组件的框架，能够准确无误且流畅地集成各种存在于企业数据库中的关键技术数据、软件、信息和知识，并基于数据系统模型，支持决策者在系统全生命周期中分析、集成、转化离散数据为可控信息[29]。

数字主线的主要目标就是运用所有可用的数据进行分析，运用实际物理进行信息分析，运用概率论方法量化项目风险和形成闭环的数据。数字主线提供了一个正式的框架用于控制相互作用的有效的技术和制造数据，这些来自完全不同的系统的数据将用于访问、集成、转化和分析，并贯穿于产品全生命周期。

目前，随着各类三维设计软件的普及，基于模型的定义在产品设计和制造中已经广泛运用。但是，当前工业界的数据断层依旧很多，数据的流动往往不连续。虽然目前新的三维设计标准和规范加强了 MBD 的作用，使得三维模型的数据更为丰富、规范、标准且可被计算机读取，但是当前数字化程度和传统设计研发流程使得数据的流动是单向，在设计与制造、试验、运营等环节存在着大量的瓶颈，使企业迈向 DBE 的步伐受阻。

目前，工业界很多公司都在探索数字主线在自己公司的运用。美国空军研究试验室的一个运用案例就是将数字主线与 MRB 的相关工作结合在一起，通过将数据、模型、工具等集成起来，意图使不合格品的处置更为高效，不合格品在全生命周期的管理更为完善。

洛克希德·马丁公司在 F-35 战斗机的设计制造过程中，就初步探索和运用数字主线技术。在 F-35 战斗机项目中，洛克希德·马丁公司建立了一个统一的数据库，以消除设计与制造、维护和运营之间的数据孤岛。制造端通过从统一的数据库下载三维数模，运用于加工模拟、生产线模拟、维护模拟、数字化检查等，同时也用于后续培训及运维相关配套系统的开发。由于数字主线的运用带来不可想象的一次性工件吻合，模具的返修量大幅降低，更重要的是极大地减少了由于供应商数据重新配置而导致的工程更改[30]。

美国雷神公司则更进一步，基于不同类型的模型，如需求模型、系统行为模型、系统性能模型、三维物理模型等，将数字主线从产品最初的需求文档开始，串联系统设计、虚拟测试、性能分析、验证管理等多个设计领域，直至最后的软硬件设计。

基于数字主线的运用，数据和信息不再分散存储在不同的文档和模型中，而是彼此相连的。因此，洛克希德·马丁公司认为这样避免了人工传输信息，消除了数据冗余，并使数据更加完整，同时使自动化的分析得以实现，从而增加了全生命周期内设计决策的可追溯性，提高了各领域交流的效率，使早期和持续的设计改进更易进行，降低了复杂产品带来的某些关键分析过程遗漏的风险，并使经验和教训更容易形成和保存[31]。

虽然各大公司在数字主线上都不断探索尝试，但是行业内对于数字主线并没有一个完整的定义，数字主线的概念在不同领域、不同行业的范围都在不断变化。数字主线目前主要面临以下几方面的约束。

（1）数字主线强烈依赖于软件技术，目前还没有一个成熟的 IT 框架可以完整覆盖全面实施数字主线的需求。

（2）数字主线的相关标准规范仍不成熟，相关的行业和公司仍在总结探索的成果。

（3）数字主线的强烈的关联对于数据的构型管理和使用提出了更高的要求。

（4）数字主线的大部分数据根植于各类模型中，因此要求企业同步开展 MBSE 的相关活动。

参考文献

［1］ WYMORE A W. Model-based systems engineering ［M］. Boca Raton：CRC Press，1993.

［2］ INCOSE. Systems engineering handbook：a guide for system life cycle processes and activities ［M］. Fourth Edition. New Jersey：John Wiley & Sons，Inc.，2015：64－70.

［3］ 余志强，陈嵩，孙炜，等.基于 MBD 的三维数模在飞机制造过程中的应用 ［J］.航空制造技术，2009（S2）：82－85.

［4］ 范玉青.基于模型定义技术及其实施 ［J］.航空制造技术，2012（6）：42－47.

［5］ HALSTEAD M H. Elements of software science（operating and programming systems series）［M］. Amsterdam：Elsevier Science Inc.，1977.

［6］ LARRIEU N，VARET A. Rapid prototyping software for avionics systems：model-oriented approaches for complex systems certification ［M］. Wiley-ISTE，2014.

［7］ FOSSE E. Model-based systems engineering（MBSE）101 ［C］. INCOSE MBSE Workshop 2013，2012.

[8] JACKSON D , TANNENBAUM B , JACHIMCZYK W. Adoption, impact, and vision of model-based design ［C］// Proc. SPIE 6228, Modeling and Simulation for Military Applications, 622817, 2006.

[9] GRABMAIR G , MAYR S , HOCHWALLNER M, et al. Model based control design — a free tool-chain ［C］// 2014 European Control Conference, Strasbourg, France, 2014.

[10] SPANGELO S C , CUTLER J , ANDERSON L , et al. Model based systems engineering（MBSE）applied to Radio Aurora Explorer（RAX）CubeSat mission operational scenarios ［C］// 2013 IEEE Aerospace Conference, Big Sky, MT, USA, 2013.

[11] INCOSE. INCOSE Systems Engineering Vision 2020 ［EB/OL］.（2007 - 09 - 01）［2023 - 06 - 08］. https：//sdincose. org/wp-content/uploads/2011/12/SEVision2020_ 20071003_ v2_ 03. pdf#：~：text = INCOSE%20Systems%20 Engineering%20Vision%202020forecasts%20the%20future%20state, is%20 conducted%20in%20five%20focus%20areas%2C%20as%20follows%3A.

[12] BLOOR M S. STEP-standard for the exchange of product model data ［C］// IEE Colloquium on Standards and Practices in Electronic Data Interchange, IET, 2002.

[13] OMG. Unified modeling language specification version 1. 4. 2 ［EB/OL］.（2005 - 04 - 01）［2023 - 05 - 17］. https：//www.omg.org/spec/UML/ISO/19501/PDF.

[14] RUMBAUGH J, JACOBSON I, BOOCH G. UML 参考手册. 第 2 版 ［M］. UML China 译. 机械工业出版社, 2005.

[15] OMG. UML for systems engineering request for proposal ［EB/OL］.（2003 - 03 - 28）［2023 - 05 - 17］. http：//www.omg.org/cgi-bin/doc? ad/2003 - 3 - 41.

[16] Mann C J H. A practical guide to SysML：the systems modeling language

［J］. Kybernetes，2009，38（1/2）：989‒994.

［17］杰弗里 A. 艾斯特凡. 基于模型的系统工程（MBSE）方法论综述：中英对照版［M］. 张新国译. 北京：机械工业出版社，2014.

［18］Chou D Hary M. Case study of model-based systems engineering（MBSE）：Part 1. The centralized systems model of IBM Rational Harmony. 2011.

［19］BHARATHAN K，POE G L，BAHILL A T. Object oriented systems engineering［C］// Proceedings of the 1995 International Symposium and Workshop on Systems Engineering of Computer-Based Systems，Tucson，AZ，USA，1995.

［20］KRUCHTEN P. The rational unified process：an introduction［M］. 3rd Edition. Boston：Addison-Wesley Publishing Co. Inc. 2003.

［21］LONG J E. MBSE in practice：developing systems with CORE［Z］. Vitech Corporation，2007‒03.

［22］DVORAK D，RASMUSSEN R，REEVES G，et al. Software architecture themes in JPL's Mission Data System［C］// 2000 IEEE Aerospace Conference. Proceedings（Cat. No. 00TH8484），Big Sky，MT，USA，2000.

［23］REINHARTZ-BERGER I，DORI D. A reflective meta-model of object-process methodology：the system modeling building blocks［M］. Hershe：IDEA GROUP PUBLISHING，2005.

［24］MODELICA ASSOCIATION. Functional mock-up interface for model exchange and co-simulation［EB/OL］.（2017‒07‒10）［2023‒06‒08］. https：//fmi-standard.org/assets/releases/FMI_ for_ ModelExchange_ v1. 0. 1. pdf.

［25］DASSAULT SYSTÈMES. The 3DEXPERIENCE platform［EB/OL］.［2023‒06‒08］. https：//www.3ds.com/3dexperience/.

［26］SIEMENS. Teamcenter PLM software［EB/OL］.［2023‒06‒08］. https：//plm.sw.siemens.com/en-US/teamcenter/.

[27] CHRISTIAN T. Determining the contents of the digital system model [R]. 2014.

[28] UNITED STATES AIR FORCE CHIEF SCIENTIST'S OFFICE. Global horizons united states air force global science and technology vision 2013 [R]. 2013.

[29] KOBRYN P, BODEN B. Digital thread implementation in the Air Force: AFRL's role [EB/OL]. (2018 - 03 - 10) [2023 - 06 - 08]. https://www. nist. gov/system/files/documents/2017/04/19/boden_ kobryn_ usaf_ nist_ mbe_ 2016_ dist_ a. pdf.

[30] KINARD D A. Digital thread and industry 4. 0 [EB/OL]. (2018 - 03 - 10) [2023 - 06 - 08]. https://www. nist. gov/system/files/documents/2018/04/ 09/2p_ kinard_ digitalthreadi4pt0. pdf.

[31] FINLAY C, GOTTESMAN S, dEMEESTER J. Pulling the digital thread with model based systems engineering [EB/OL]. [2023 - 06 - 08]. https:// www.academia.edu/35609764/Pulling_ the_ Digital_ Thread_ with_ MBSE.

第 3 章 SysML 和 Modelica 简介

3.1 SysML 简介及应用

3.1.1 系统建模语言（SysML）概述

SysML 在被推出之前，在系统工程中用来进行模型建立的语言和工具有很多种，如 N2 图、行为图以及 IDEF0 等。在这些建模语言中，使用到的语义和符号都有很大差异，并且各种语言之间各自为政，做不到互相的支持和协调，更不可能实现相互之间的互操作以及重用。在这样的情况下，系统工程模型建立就缺乏一种足够强大、足够标准的语言形式，这给系统工程和其他各学科的沟通造成了一定程度的阻碍，同时也对系统工程模型建立的效率和质量造成了一定程度的不利影响[1]。

为了给以模型为基础的 MBSE 提供支持，系统工程国际委员会以及对象组织针对系统工程专门联合提出了一种标准的模型建立语言，这种语言可以为系统工程中多个领域需求的需求分析、功能描述、系统设计以及系统验证等提供支撑，其中包括软件系统、信息系统以及硬件系统[2]。系统工程表示方法的转变如图 3－1 所示。

在经过了很多年的发展之后，系统工程在每个层次理论的实践以及研究过程中都逐渐产生了很多的相关标准，图 3－2 所示为系统工程中的标准框架。通常情况下，就方法学角度而言，系统工程主要可以按照五个层次实施，第一个是过程标准，第二个是体系结构框架，第三个是建模方法，第四个是建模和仿真的标

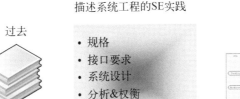

描述系统工程的SE实践

过去   未来

- 规格
- 接口要求
- 系统设计
- 分析&权衡
- 测试计划

以文档为中心转向以模型为中心

图3-1 系统工程表示方法的转变

准，第五个是数据交换标准，同时也包括系统的数据库，它处在系统最底层。SysML在建模以及模型的仿真过程中属于一种标准化的建模和仿真语言[3]。

在系统工程这一领域中，作为一种模型建立的语言，SysML主要是将软件工程领域中的实时标准作为对模型语言进行统一的基础，通过面向过程以及面向对象这两种形式进行可视化语言的集成，这是该语言的一大优势[4]。同时，该语言也对需求图和活动图进行了相应的扩充与修改，

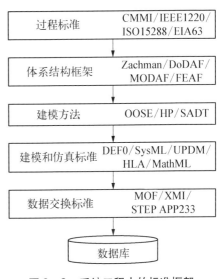

过程标准	CMMI/IEEE1220/ ISO15288/EIA63
体系结构框架	Zachman/DoDAF/ MODAF/FEAF
建模方法	OOSE/HP/SADT
建模和仿真标准	DEF0/SysML/UPDM/ HLA/MathML
数据交换标准	MOF/XMI/ STEP APP233
数据库	

图3-2 系统工程中的标准框架

让配置图在装配图内实现了集成，在系统工程这一领域中，该语言属于一种对标准系统模型建立进行推广的语言形式。

SysML主要的设计目的就是对系统工程领域中的模型建立问题加以有效解决，将一个更加简单的、易学的且有着强大功能的模型建立语言提供给系统的设计师。在系统设计分析的过程中，SysML可以有效描述对结构、行为以及需求等的分析，同时也可以有效描述其属性约束以及参数分配等，在面向对象以及结构

化形式的多种过程和方法中，该语言都可以提供有效的支持[5]。将 UML 2.1 作为基础，SysML 对其做了相应的修改与扩充，图 3‑3 显示这两者之间具体的关系。这两者相互重叠的部分表示的是 SysML 对 UML 重用的部分，由此可以看出，将 UML 作为基础的 SysML 还具备特定的修改以及扩充功能，但是在 UML 内，很多的要素都并不能被 SysML 应用。

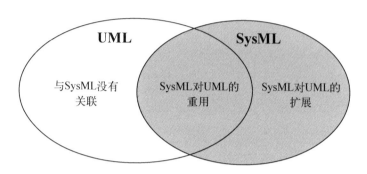

图 3‑3 SysML 和 UML 之间的关系

图 3‑4 是对 SysML 图形所进行的分类，按照三个类别、九种图形的形式来进行各方面模型特征的描述。三个类别分别是结构图、需求图和行为图。在结构图中，主要的图形有四种，第一种是模块定义图，第二种是内部接口图，

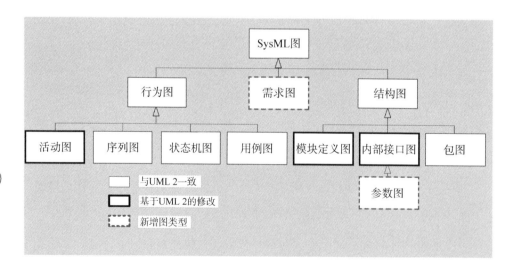

图 3‑4 SysML 中的图形分类

第三种是包图，第四种是参数图，对于 SysML 而言，参数图属于一种新增设的图形，而模块定义图和内部接口图则是以 UML 作为基础所修改和扩展出的图形，包图是对 UML 图形的重用[6]。在行为图中，主要的图形有四种，第一种是活动图，第二种是序列图，第三种是状态机图，第四种是用例图，活动图是以 UML 为基础进行修改和扩充所得到的图形，其他三种都是对 UML 图形的重用。为实现需求设计与分析的进一步加强，在 SysML 中也进行了需求图的增设。

3.1.2　基于模型的需求定义和功能分析应用

基于模型的需求定义和功能分析是产品开发的早期阶段从无到有非常重要的一个环节，实现对系统的认识从利益攸关方需要到利益攸关方需求再到系统功能的连续转变，是指导后续系统架构设计的重要输入和依据。基于模型的需求定义和功能分析的主要工作如下。

1. 基于模型的利益攸关方识别

根据 INCOSE 的定义，利益攸关方是指在满足其需要和期望的某一系统或其拥有的特征中具有权利、份额或要求权的一方。产品对利益攸关方需要和期望的满足程度，直接决定了产品设计、研发与交付的最终结果，更是产品价值的终极体现。

识别利益攸关方，收集和提取他们的需要，并最终以此为驱动因素进行需求定义，传递需求模型并进行追踪，最终将需求与产品的设计方案完成关联，指导和影响最终的产品设计方案内容，是实践需求驱动正向设计的关键步骤[7]。

1）建设内容

（1）识别产品全生命周期的利益攸关方、外部执行者，并基于 SysML 的用例图建立已识别利益攸关方的组模型，建立已识别外部执行者的组模型。

（2）将所识别和建立的利益攸关方的模型元素类型定义为 Stakeholder 类型并完成标识，以区分产品的利益攸关方与外部执行者。

2）实现途径

（1）以产品研制要求、技术协议、历史研发经验文档等为输入，分析和归纳产品研制的全生命周期阶段，划分为诸如"被设计""被制造""被安装""被使用"等多个阶段，使用 Rhapsody 工具中的活动图，以模型方式清晰地划分各阶段的先后顺序与相互逻辑关系，并在图中用 Action 模块表示各阶段，在 description 属性中描述阶段的定义，保证各阶段在产品生命周期中的划分相互独立无交叉。

图 3 - 5 Rhapsody 工具中的用例图

（2）在产品的每个生命周期阶段，分析与产品存在利益关系的一个或多个利益攸关方，并使用 Rhapsody 工具中的用例图，创建表示利益攸关方的 Actor 模块元素，对于多个生命周期阶段中存在的同一个利益攸关方，将最初建立的 Actor 模块移入用例图，不要重复建立，保证每个利益攸关方有且仅有一个模型元素，如图 3 - 5 所示。

（3）在 Rhapsody 工具已建立的各阶段用例图中，将产品的生命周期各阶段已识别利益攸关方进行合并，并基于 Actor 类型定义全新的局部变量 Stakeholder，将全部利益攸关方的类型重定义为该局部变量类型 Stakeholder，以区分 Actor 和 Stakeholder 在模型表达意义上的区别，完成已识别的利益攸关方建模工作[8]。

（4）在产品的每个生命周期阶段，分析与产品存在交互关系的执行者。注意在概念和工具上处理利益攸关方与外部执行者的区别与联系。两者的区别是，利益攸关方是指与产品存在交互关系的人员、团体或组织，而外部执行者是指与产品存在利益或交互关系的其他外部系统或实体[9]。两者的联系是，利益攸关方与外部执行者都与产品存在利益或交互关系，需要进行识别与分析。对于外部执行者，在利益攸关方用例图中使用 Actor 进行定义即可，无须添加局部变量 Stakeholder。

3）建设效果

（1）在需求开发早期引入模型。在利益攸关方需求开发的早期阶段，就将识别利益攸关方及其分析结果模型化，从项目伊始就建立基于模型的分析思路与方法，并在后续的工作中持续基于模型进行补充、迭代与完善，有助于保持产品生命周期分析过程中的模型完整性，进而保持项目全程基于模型的分析方法的一致性[10]。

（2）便于分析和衍生需求。基于模型表示、捕获和分析需求的方法，相比于传统的基于文档的分析过程，能够更好地站在利益攸关方的角度，引导团队变换视角，挖掘驱动产品设计的正向需求，利于团队理解利益攸关方在产品研发和使用过程中所面临的问题，更好地捕获、分析和衍生产品需要和需求。

2. 利益攸关方用例分析、组合、定义

1）建设内容

（1）围绕产品定义的初始任务要求，对产品执行的任务进行分析，基于 SysML 用例图完成基于任务的利益攸关方用例划分，构建相应的模型，定义用例内容的详细说明。

（2）在不同任务用例上，建立利益攸关方与其参与的用例间的关联关系，以重点关注产品与其利益攸关方、外部执行者之间的交互关系，以获取产品与外部交互的逻辑接口关系。

（3）根据利益攸关方和任务-用例的详细说明以及与外部的交互关系，重新确认用例的定义与范围是否相符，对任务与用例不符合的内容，进行重新划分或组合用例。

2）实现途径

（1）以产品利益攸关方、研制要求、技术协议、历史研发经验文档等为输入，提取、归纳和定义产品支持用户所完成的全部任务，定义任务的描述、条件与步骤流程，在 Rhapsody 工具中使用基于用例图的 Usecase 模块作为任务-用例描述的载体，建立产品的总体用例图，描述产品在全生命周期中执行任务的总体情况。

（2）基于任务划分、建立对应的用例模型，在 Rhapsody 工具中将任务建立为用例图中的用例（Usecase）模块，向每个 Usecase 模块添加 1~2 句该用例的描述信息以定义用例的划分。将产品担负的全部任务对应的用例在同一张用例图中进行建模，以完整表达产品必须承担和完成的全部任务内容，如图3-6所示。

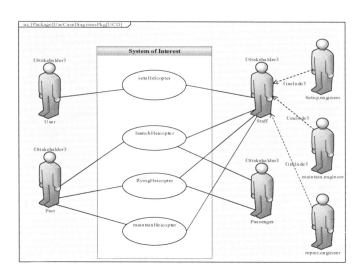

图3-6　Rhapsody 工具中用例建模

在用例模型元素中添加对用例的详细描述，参考如下格式在 Usecase 的 description 属性中编制完整的用例说明。

【用例名称】描述用例所执行动作的动词和宾语短语；

【范围】拥有（提供）用例的实体；

【主执行者】触发用例的执行者；

【次要执行者】参与用例的执行者；

【利益攸关方】已识别的和该任务存在利益关系的人或组织名称；

【预置条件】满足该条件时用例才能开始；

【触发器】让用例开始的具体事件；

【主要成功场景】未出现异常的运行场景步骤；

【可置换分支】可置换的用例分支条件；

【相关信息】仍需补充的信息或内容标记。

（3）在用例图中使用 Boundary Box 定义产品边界范围，检查和确认所有

Usecase 模块所代表的任务，是否应归属在所分析产品边界范围之内，属于范围内的用例移动到 Boundary Box 边框内，定义为该产品任务对应的用例元素集合。

（4）检查任务-用例模型的归属情况，对于处于用例图 Boundary Box 之外的用例，重新检查该用例划分的必要性，对于和产品不存在交互关系的用例应进行移除；对于与其他存在重复、重叠或冲突的用例，应重新检查各用例的详细描述信息，检查是否在用例划分过程中存在问题，相应地进行重新划分或用例合并。

（5）将上一阶段识别的 Stakeholder 模块、Actor 模块移动到产品总体用例图中，将各任务中的 Stakeholder 模块与其 Usecase 模块建立关联关系，表示该利益攸关方参与此任务或与其成败存在利益或影响关系。

3）建设效果

建立基于模型的产品需求捕获维度——任务维度。产品的价值是通过其能完成何种任务、对利益攸关方需要和期待的满足度来体现的。因此，产品如何帮助利益攸关方解决问题的过程，是其关键需要和需求的集中体现。在利益攸关方模型的基础上，按照产品参与的任务划分用例并建模，建立任务和利益攸关方的关系，便于从帮助利益攸关方完成任务的视角，帮助团队理解产品的使用过程和外围环境，并以这些需要（需求）为驱动进行产品设计和研发。

3. 运行概念分析

1）建设内容

（1）以分析获取利益攸关方以及任务用例划分为输入，展开分析产品任务的各流程和步骤，使用 SysML 的活动图建立各项任务的场景模型；深入分析任务场景的目的是提取利益攸关方对产品能力的需要和需求。

（2）在不同的场景过程中，梳理产品与外部利益攸关方的交互过程，验证场景中利益攸关方识别的完整性，重点观察系统与外部执行者之间存在的逻辑接口。

（3）分析政策因素、项目因素、外部自然环境因素等客观因素对产品在场景中任务执行效果的影响，使用 SysML 的模块定义图（BDD）表达上述因素与关注系统（SOI）之间的界限。

2）实现途径

（1）以前期分析成果为输入，将产品的任务场景（完成任务的步骤和过程）展开，使用 Rhapsody 工具建立活动图描述任务的过程，尽可能地把任务流程和步骤中存在的不同分支情况囊括进来，形成每项任务场景中逻辑相对完整的活动图。

（2）分别从正常、异常和极端场景的角度考虑任务场景过程，在 Rhapsody 工具中建立各项任务场景的活动图模型，并在每个活动中的 Action 模块上建立起与 Action 对应的 Stakeholder（如有）存在交互关系或接口关系的 ActorPin，完成场景活动步骤中有关外部实体的逻辑接口定义，如图 3-7 所示。

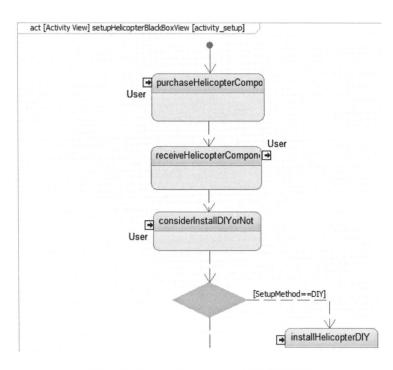

图 3-7　Rhapsody 工具中建立活动图模型

（3）在 Rhapsody 工具中建立模块定义图，从政策因素、项目因素、外部自然环境因素等客观因素与产品的关系角度进行分析，将产品本身定义为 SOI 类型的模块（block），关注其与外部利益攸关方、实体和影响因素的边界，确定产品与外部实体之间的界限。

（4）对于场景分析过程中发现的遗漏的利益攸关方或外部实体，分别迭代和更新上一版本的相关分析结果，通过 Rhapsody 工具在相应 SysML 图中增加或修改对应的模型内容[10]。

3）建设效果

（1）获得产品的详细运行场景。图 3-8 所示为基于场景的用例分析过程，可以得到一组不同环境和条件下产品执行任务的步骤与过程，团队在此过程中站在用户和使用者的角度代入产品运行的步骤和过程，梳理产品与外部实体在过程中的交互方式和信息，帮助团队获得产品必要需求的提示，捕获原来因视角所限而看不到的需要和需求。

（2）迭代更新产品与外部实体的交互关系。通过将产品任务场景的展开分

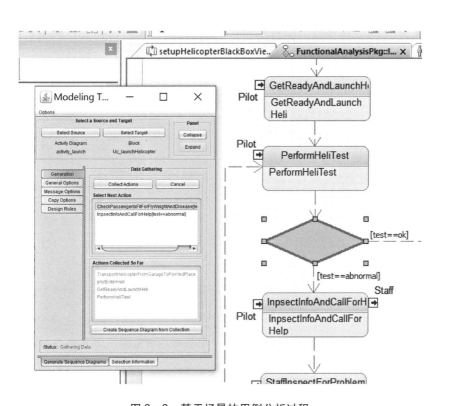

图 3-8　基于场景的用例分析过程

析，有助于产品团队确认产品与利益攸关方、外部人员或组织等的交互过程，对比前期利益攸关方识别是否完整，以便尽早开展补充和迭代，进行模型及描述的完善，尽可能规避产品设计后期再大量修改需求与模型可能导致的需求开发返工与设计进度拖延等问题。

4. 运行方案分析与能力分析

1）建设内容

（1）以利益攸关方用例为分析对象，将用例场景的 SysML 活动图模型转化为 SysML 顺序图模型，重点考虑在运行场景中产品与外部实体之间的交互关系以及交互的逻辑接口。

（2）对产品与外部交互的过程进一步识别和分析，补充缺失的需求，修改有偏差的需求，完成需求更新。编写和归纳形成产品基于场景提供的能力列表。

（3）基于前期梳理的利益攸关方用例及其需求，在正常、异常和极端的运行场景中，获取和分析产品的能力与已开发需求之间的差距，提出可能的解决方案和实现途径。

2）实现途径

（1）在 Rhapsody 工具中，使用 SE‑Toolkit 工具将已完成的各使用场景的活动图自动生成相应的顺序图。对于同一场景活动中存在的不同逻辑分支，建立多张对应的顺序图，面向场景中的每种时序交互过程进行建模和分析。

（2）从产品各项任务、各场景分支的所有顺序图模型中逐一分析和提取与利益攸关方用例有关的产品已满足能力，整理为产品的能力要求，在用例模块的描述中添加对能力要求的信息，形成基于用例模型的产品当前能力。

（3）对比当前需求版本中已存在的功能需求、能力需求与产品能力之间存在的差距，修改或追加对产品提出新的能力需求或功能需求。补充缺失的利益攸关方需求，修改存在差异的、不正确的、不符合需求编写规范的需求。将更新后的需求通过顺序图对执行过程进行验证，修改和更新当前模型中的顺序图、活动图，迭代模型和需求使它们保持一致。

（4）参考需求编写规范，基于产品信息架构的定义，将新增和修改完成的需求完整定义为需求条目，记录到 DOORS 需求管理工具相应结构目录中的需求模块。基于上述更新后的需求条目，将需求导入 Rhapsody 工具中，更新与需求已存在关联关系的模型元素，以此为输入，完成对产品运行方案的修改。

3）建设效果

（1）获得产品能力分析结果。通过对当前产品承担任务的各场景展开梳理，获得完成产品任务−用例执行过程的功能先后，重点关注功能的实现顺序与满足程度，归纳、分析、总结产品能够提供的能力列表，这是当前产品的能力分析结果。

（2）提出可能的产品改进方案。基于产品当前的能力分析结果与当前所获取的利益攸关方需求，特别是功能需求进行对比，检验产品当前能力与目标能力之间的差距，将未满足的能力或约束加入需求之中，同时对产品执行任务的场景进行调整以满足上述变更，进而形成新的产品方案，从满足功能需求的角度向后驱动产品的方案设计，实现对产品能力的改进。

5. 识别利益攸关方需求

1）建设内容

（1）按照组织和项目层级的需求编写规范与需求定义方法，基于 DOORS 需求管理工具，将利益攸关方需要转化为条目化的利益攸关方需求。

（2）将 Rhapsody 工具中的各项利益攸关方需求进行整合，基于 SysML 的需求图进行表达。

（3）将 DOORS 需求管理工具中的需求传递到 Rhapsody 工具中的 SysML 需求图中进行合并整理。

2）实现途径

（1）按照组织或项目上已定义的需求文档模板、需求编写规范与需求定义方法，参考历史产品的需求文档的最佳实践，将前述各步骤中提取的利益攸关方需要和需求进行整理和格式转化，在 DOORS 需求管理工具中完成需求的结构化和条目化定义工作。

（2）将在建模过程中获取或收集的基于 SysML 需求图所完成的需求集中到

同一张需求图中进行整理，保证同一条需求只有一个模型元素，不存在重复的需求元素，如图 3-9 所示。

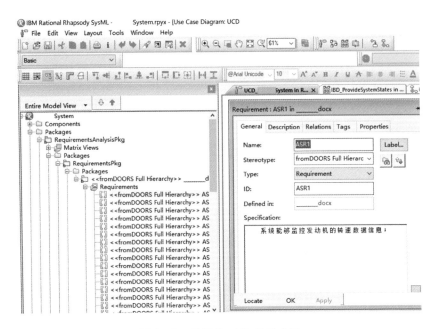

图 3-9　基于 SysML 的需求图

（3）将 DOORS 需求管理工具中的条目化需求通过 Rhapsody 工具的 Gateway 插件导入 Rhapsody 工具中，在 SysML 需求图中合并产品的全部需求内容。

3）建设效果

完成利益攸关方需求定义。利益攸关方任务-用例分析、场景分析、产品边界与环境分析、约束分析、方案分析完成后，将过程中所得到的全部需要和需求进行整合，得到符合需求规范的利益攸关方需求。将结构化与条目化的利益攸关方需求集合传递到架构设计工具中，准备建立从需求到设计模型的追溯性。

6. 关联利益攸关需求、利益攸关方、利益攸关方用例

1）建设内容

将完整的利益攸关方需求模型与建模过程中梳理的需求模型进行合并，建立

利益攸关方与其用例、需求之间的关联关系。

2）实现途径

（1）将从DOORS需求管理工具导入Rhapsody工具的需求模型从树形结构拖动到产品需求图中，将产品的任务与其利益攸关方也拖动到需求图中，建立利益攸关方、利益攸关方用例、利益攸关方需求之间的追踪（trace）链接关系，关系的建立方向如图3-10所示，明确后续分析的过程与需求之间的追溯关系。

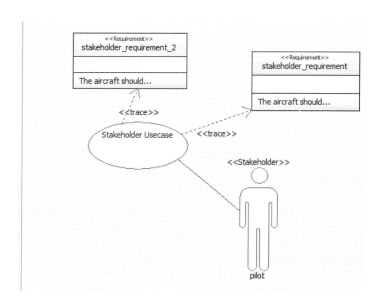

图3-10　Rhapsody工具的需求模型追踪链接关系图

（2）关联需求与用例模型关系时，注意确认所有已识别的利益攸关方、利益攸关方用例、利益攸关方需求模型都是从之前建立的模型中复用而来的，检查当前需求图中不存在新建立的已识别模型。

（3）确认和检查每条利益攸关方需求都已经被利益攸关方用例所覆盖，即最终的需求模型中应保证每条利益攸关方需求都有与其存在关联关系的利益攸关方用例。如果存在孤立的利益攸关方需求或孤立的利益攸关方用例，应重新考虑上述需求的必要性，或重新检查上述用例划分的适当性。

3）建设效果

建立从需求到设计的追溯关系。建立利益攸关方、利益攸关方用例、利益攸关方需求之间的链接关系，在产品的利益攸关需求与后期的功能、逻辑设计分析模型之间建立关联。未来在设计发生变更时，支持团队在 Rhapsody 工具中的基于需求追踪矩阵，检查设计变更的结果与需求之间的满足程度的变化。

7. 需求维护

导出利益攸关方需求、属性、关联关系到需求数据库管理工具中进行需求维护。

1）建设内容

将需求条目本身、属性及其关联关系导出到需求管理工具中进行确认和维护。

2）实现途径

如图 3 - 11 所示，使用 Rhapsody 工具的 Gateway 插件将 SysML 需求图中的需求等元素导出到 DOORS 需求管理工具中，按照需求信息架构的管理方式存储

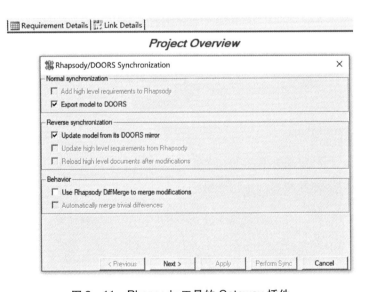

图 3 - 11　Rhapsody 工具的 Gateway 插件

相应的需求信息。

3）建设效果

（1）Rhapsody 工具的 Gateway 插件实现利益攸关方的需求管理。确保已形成和定义的需求以基线的方式进行有效的需求管理，在需求细化和设计调整过程的动态状态中，管理好原始的利益攸关方需求输入以及可能的变更过程，作为确认和验证活动的基础。同时，满足需求信息架构要求的需求结构化内容，可有效帮助团队快速检索到所关注的利益攸关方需求内容，以协助开展和进行后续的功能、逻辑分析和产品设计。

（2）同步需求开发与建模分析进展。在前述步骤实施过程中，已经建立了从需求到设计模型的关联关系，然而随着分析过程的开展，需求和模型可能在后续过程中产生差异，通过该步骤可以使模型与需求的内容定期保持一致，确保模型内容可以追溯到需求，需求内容已通过模型开展了分析，便于需求继续向下层分配和分解。

8. 系统用例识别

用例图是用于描述系统及其外部环境之间静态关系的一种方式，是从外部环境的视角下对系统进行的黑盒描述。在用例图中，必须明确定义系统与外部环境的边界，同时也必须明确定义外部环境中与系统存在关联的实体。用例图中的主要组成部分有三个，分别是用例、执行者，以及用例和执行者的关系。在对用例系统进行建立的过程中，一项主要的内容就是执行者的识别，以及用例与执行者关系的识别[11]。

1）识别执行者

在上述系统运行方案和能力分析的活动中，识别出了系统在不同的运行场景下所涉及的外部环境实体（人和其他子系统）。这些实体可以直接作为用例的执行者，也可以根据外部环境实体的特征对实体进行分类，这样可以减少系统用例的执行者数目，使用例图的可读性和可管理性得到增强。不论如何进行分类，一定要保证外部环境实体的完整性和一致性。

2）识别用例

在进行运行方案和能力分析的活动中，明确了外部实体在不同的运行环境中所期望的对系统的操作或系统提供的服务。对于复杂的系统，在进行运行方案分析时，可能存在多个运行状态，同时也存在多个系统外部实体，而且外部实体与系统运行状态之间也存在多种组合方式，在每种组合方式下，外部实体都期望系统能够在相关的条件下提供符合或可执行的操作。在识别系统用例时，要基于执行者来进行，针对每个执行者，分析这个执行者在运行方案分析的结果中对系统所期望的所有操作或服务，将这些操作或者服务作为相应执行者的用例。在这一活动中，要找到上一步确定的所有执行者的所有用例。

3）建立执行者和用例之间的关系

基于以上两个活动所确定的执行者及其有关用例，建立这两者的关系。在这两者的关系中，很多的执行者都与相同用例具有关联性。这种情况下可以消除第二步中识别的不同执行者之间重复的用例。

如图 3-12 所示，在识别系统用例的活动中，需要明确系统边界，明确外部的实体。

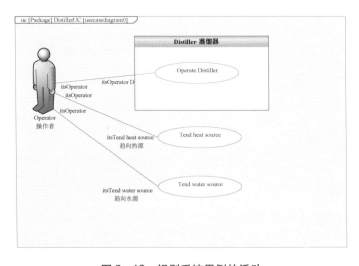

图 3-12 识别系统用例的活动

9. 系统功能分析

系统用例是从用例执行者的视角出发，提出了系统应该向用例执行者提供的能力。用例所描述的系统能力是顶层的能力，其主要侧重点是描述能为用例执行者产生效用的能力。而系统功能分析的目标是对系统用例的细化，进一步明确系统应该做什么才能够提供系统用例所述的能力。在基于 SysML 模型的系统功能分析活动中，活动图提供了描述功能流的方式。针对每个用例，创建相应的活动图。

10. 系统功能接口分析

在完成系统功能分析并且建立相应的系统功能流图模型后，需要进一步定义系统功能的接口。在创建的功能流模型中，不同的 Action 代表功能流中的不同功能，模型描述了 Action 间的关系，在功能接口分析中，需要具体分析这些 Action 之间的流动的数据。主要的工作内容如下。

（1）分析并且定义每个 Action 之间的输入/输出。

（2）在明确了每个 Action 之间的输入/输出后，应该定义相应的系统功能接口需求，并且在功能接口需求与功能接口定义之间建立关联关系。

如图 3 - 13 所示，活动图中的基本元素是 Action，通过定义端口和流属性，可以在模型中定义 Action 的输入/输出。

11. 创建数据源模式、定义系统功能规范

在前面的活动中，定义了系统的功能需求和功能接口需求，在接口需求中明确了输入/输出的数据是什么，在这一活动中，将对于输入/输出数据进行详细定义。具体将采用创建数据源（data schema）的方式实现详细定义。有了具体的描述后，可以定义相关需求的性能要求。因为在数据源的定义中，对于类似数据精度、范围等描述性能的指标都进行了详细定义。

如图 3 - 14 所示，对于接口或功能需求中使用到的相关类型，可以通过定义 Data Schema 的方式进行详细定义，这样可以实现对需求更精确和规范的描述。

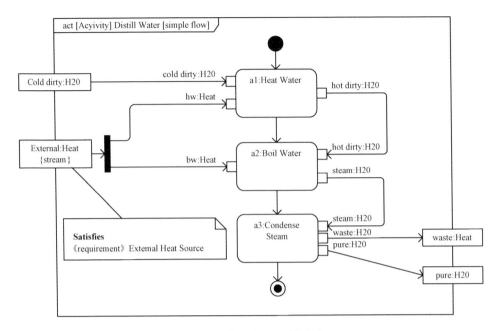

图 3-13　基于 SysML 的活动图

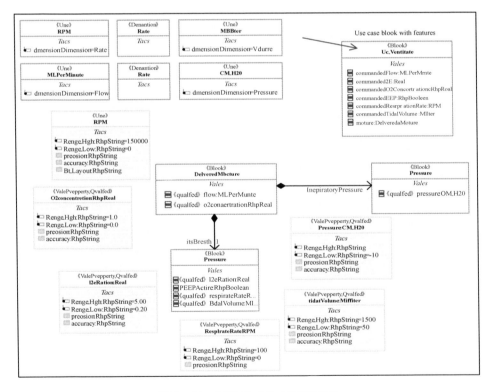

图 3-14　基于 SysML 创建数据源

3.1.3　基于模型的架构分析与定义

基于模型的架构分析与定义是产品设计关键一环，向上承接基于模型的需求开发输出的系统需求和分析模型，向下是各专业工程领域开展详细设计的关键输入。通过基于模型的架构分析与定义实现产品形态从功能到逻辑再到物理的逐步演变，支撑产品设计从问题域到解决方案域再到专业工程领域的实现。基于模型的架构分析与定义的主要工作如下。

1. 功能架构分析和定义、权衡和实现

1）建设内容

（1）以系统功能分析模型为对象，对获得的系统功能 Action 开展合理性分析。

（2）明确系统功能 Action 后，进行功能的分解，形成系统功能架构。

2）实现途径

系统功能架构以基于模型的功能分析为起点，承接系统高层功能，自顶向下逐层进行，在明确定义本层的子功能后，再进行下一层级的功能分析，直到所分解的功能到底层功能为止（功能可以被下游的机构或组织实现）。

（1）基于 Rahpsody 工具建立活动图，如图 3 - 15 所示，梳理系统功能流程，对功能 Action 开展分析，分析活动的输入/输出与上下游功能 Action 之间的合理性。

基于活动图中系统功能，分析 Action 的技术可实现性，在 Rhapsody 工具中根据分析结论对系统功能进行修改迭代。

（2）Action 进行更新。

（3）基于 Gateway 插件，根据 DOORS 需求与 Rhapsody 工具中 Action 追溯关系（如图 3 - 16 所示），更新系统需求。

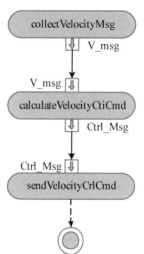

图 3 - 15　基于 Rahpsody 建立活动图

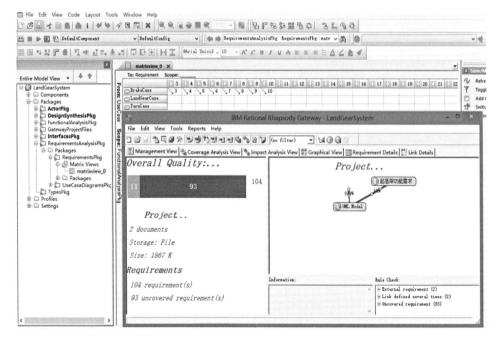

图 3 - 16　DOORS 需求与 Rhapsody 工具中 Action 追溯关系

（4）基于 Rhapsody 工具中的模块定义图（见图 3 - 17），对系统功能进行分解，形成功能架构。

3）建设效果

（1）通过活动图，呈现系统功能之间关系、功能可实现性等，对系统功能直观地开展分析，确保系统功能的合理性、无歧义性。

（2）通过需求与模型的追溯，实现当模型中系统功能发生变更时，提示相关需求的变更，以确保需求变更的完整性及变更效率。

（3）通过 SysML，支持快速梳理系统功能分解，并分析分解后功能之间的关系，确保设计团队对功能分解理解的一致性。

图 3 - 17　基于 Rhapsody 工具的模块定义图

2. 逻辑架构分析和定义、权衡和实现

1）建设内容

（1）分析系统功能架构，对功能接口进行耦合分析。

（2）根据接口的耦合关系考虑功能实现，定义逻辑实体与逻辑接口，基于内部模块图（IBD）表达。

（3）分析决策，优化系统逻辑架构。

2）实现途径

逻辑架构定义了逻辑实体以及逻辑实体之间的关系。逻辑实体是功能的载体，能够实现功能架构中的一个或一组功能。逻辑实体定义就是将功能架构中的功能或功能组分配对应的逻辑实体。

基于 Rhapsody 工具，在活动图中，以拖拽方式调整、分析系统子功能，如图 3－18 所示。

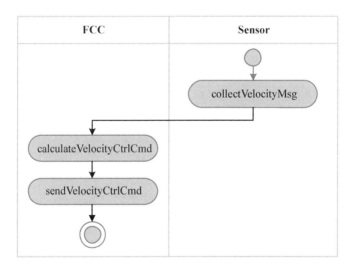

图 3－18　基于 Rhapsody 工具调整分析系统子功能

（1）明确子功能项之间的交互后，在内部模块图中定义系统逻辑实体，如图 3－19 所示，梳理实体间逻辑接口关系。

（2）结合活动图、内部模块图中的信息，分析系统逻辑架构的合理性，并进

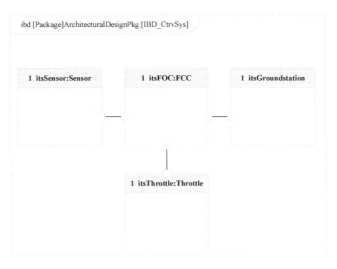

图 3-19 内部模块图中定义系统逻辑实体

行进一步优化。对系统逻辑架构的评判准则是每个逻辑实体中包含的系统功能和系统功能接口数量应尽量多，逻辑接口中包含的对外接口应尽量少。系统中的逻辑接口如图 3-20 所示。

Name in blk	Full path name in Rec
⊟ iFCC_Throttle	
	InterfacesPkg::iFCC_Throttle.evVelocityCtrlCmd
	InterfacesPkg::iFCC_Throttle.reqThrottleSpeed
⊟ iGroundStation_FCC	
	InterfacesPkg::iGroundStation_FCC.evThrottleSpeed
	InterfacesPkg::iGroundStation_FCC.reqStartCmd
	InterfacesPkg::iGroundStation_FCC.reqVelocityCmd
iSensor_FCC	InterfacesPkg::iSensor_FCC.evVelocityMsg

图 3-20 逻辑接口

3）建设效果

（1）以基于模型的方式对系统子功能项间的耦合关系、逻辑实体间的逻辑交互进行梳理与优化，增强逻辑架构信息的直观性。

（2）通过模型元素的内部关系，将新分配的子功能项与逻辑实体进行关联，实现架构设计信息的有效追溯。

3. 物理架构分析和定义、权衡和实现

1）建设内容

（1）定义物理架构候选项。

（2）建立逻辑架构实体与物理架构候选项的映射关系。

（3）分析映射关系优化物理架构候选项。

（4）建立架构权衡的评判准则。

（5）进行计算分析，选择出最优物理架构。

2）实现途径

物理架构的物理实体定义过程中，进行实体结构布局和余度定义工作等，重点关注重量、空间、接口形式等方面，宜采用成熟度高的结构形式（特别是同类产品在过往型号的应用）。

对于逻辑架构中定义的逻辑实体，在物理架构中需要定义其对应的执行物理实体，物理实体可以是原件、部件、子系统等，这取决于系统架构中所需要的颗粒度。这里定义的物理实体可以是一个明确的部件，也可以是原件，并规定了原件、部件、子系统的一些性能指标。

（1）使用模块定义图定义物理架构候选项，此处可定义多套物理架构，分别用不同块定义图表达。定义候选解决方案，在模块定义图中定义关键功能与解决方案，如图 3 - 21 所示。

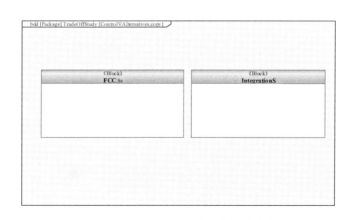

图 3 - 21　模块定义图中定义关键功能

（2）使用模块定义图建立逻辑架构实体与物理架构候选项的映射关系，如图3-22所示，并通过分析映射关系优化物理架构候选项。

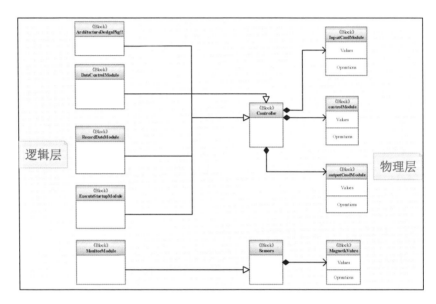

图3-22　使用模块定义图建立逻辑架构实体与物理架构的映射关系

（3）定义架构权衡的评判准则，如成本、质量、可达性、可靠性、可维护性等，如图3-23所示，并对每个指标分配权重。

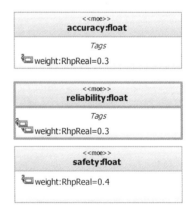

图3-23　定义架构权衡的评判准则

（4）使用参数图进行计算分析，如图 3‒24 所示，选择出最优物理架构。

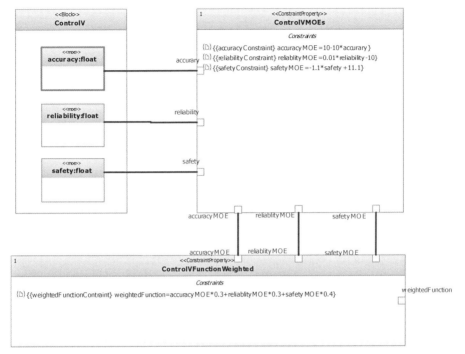

	weight	FCC_SsSolution		IntegrationSolution	
		value	WV	value	WV
ControlV.accuracy	0.3	5	1.5	7	2.1
ControlV.reliability	0.3	5	1.5	4	1.2
ControlV.safety	0.4	4.5	1.8	3.4	1.36
			4.8		4.66

图 3‒24　使用参数图进行计算分析

3）建设效果

（1）以基于模型的方式实现对物理架构设计多方案的统一管理。

（2）通过模型追溯，建立逻辑模型与物理模型映射关系，以优化物理架构候选模型。

（3）以参数图计算评判准则，实现对物理架构候选方案的快速权衡，并可在模型中记录方案权衡过程。

3.2 多领域物理建模语言 Modelica 简介及应用

3.2.1 多领域物理建模语言（Modelica）概述

1. Modelica 语言历史

Modelica 语言最早出现在 1996 年，是 Hilding Elmqvist 在 ESPRIT 项目中的（SiE-WG）所开发出来的一种语言，自该语言出现之后，不同领域中的很多仿真业者都对其予以大力支持。从 1999 年的 12 月，Modelica 1.3 版开始推出，而我们当今所应用的版本是 2000 年 1 月推出的 2.10 版本，欧盟启动 RealSim 这一计划，该计划有两个主要的目标，第一是提供一种开发工具，以此来实现具有实施约束性质的紧密耦合复杂多学科系统的仿真；第二是借助培训评估和自动检测进行设计和半实物仿真，以此来实现产品开发时间和开发费用的进一步降低。这种设计就是基于 Modelica 语言实现的。

在 2000 年 2 月，为实现 Modelica 语言的进一步发展，并使其得到更好的应用和推广，Modelica 联盟成立，这是一个非政府组织、非营利性质的联盟，其创始人是瑞典的 Linkoping。该联盟创立的主要目标是给该语言中的算法、公式以及函数等提供出一个更加高效的、开放的交互空间，并让该语言实现语义结构的进一步完善。

2. Modelica 语言具体特点

Modelica 是一种面向对象的模型建立语言，它的定义和面向对象的编程语言类似，其主要的目的是通过实际的物理系统结构实现仿真模型的建立，它不但可以为系统顶层模型建立提供支撑，而且能够直接借助方程进行模型中各部件的构建。在该语言中，因为模型会通过代数方程、离散方程以及微方程的形式实现数字表达，所以在进行模型的建立过程中，可对物理系统手册中的相关公式直接使用，无须任何转换。在对方程进行求解的过程中，因为无须对信号具体的传输方向进行考虑，所以也不需要像其他一些仿真软件一样对各区块之间存在的因果关系进行分析，这就让模型建立的难度在很大程度上得到降低。同时，因为该语言属于面向对象的模型建立语言，所以在进行模型重用的过程中也就变得更加容易，对于同一种物理模型，仅仅需要使用该语言进行一次模型建立即可，并不与其他仿真工具相关。

1）Modelica 的语法结构分析

应用 Modelica 语言建立模型主要可通过两种方式来实现。一种方式是图形模型建立工具的应用，在此过程中，可以拖动操作模型库中的标准构件以及绘制部件，使其连接成相应的模型，并给出相应的部件参数，这样就可以构建起系统模型的组成图。如图 3-25 所示为一个闭环电机中的驱动系统，该系统十分简单，可以按照一系列相互连接的部件进行分解，主要包括频率响应控制器、反馈环节、齿轮箱、电机、角度传感器等。同时，Modelica 语言也可以为程序化的模型建立提供支持，如通过该语言可以对 motor 模块进行继续分解。

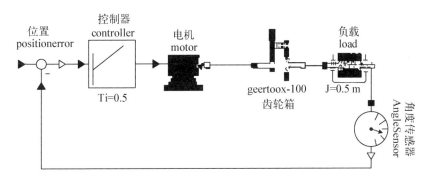

图 3-25　闭环电机驱动模型图

另一种方式是通过 Modelica 语言进行文本建立，该模型可以按照以下方式进行表示。

model

MotorDrive

Feedback

positionerror；PID

controller；

    Motor motor；

    IdealGear gearbox

（ratio— 100）；Inertia load （J — 0.5 ∗ m ∗ r ∗ r）；AngleSensor

phiload；

Equation

connect （gearbox. flange—b，load. flange—a）；connect （load，flange—b，phiload. flange_ a）；connect （positionerror. inPort2，phiload. out-Port）；

    connect （motor，flange—b，gearbox，flange—a）；connect （positionerror. outPort，controller. inPort）；connect （controller. outPort，motor. inPort）；

    end MotorDrive；

2）Modelica 模型库概述

因为 Modelica 语言有着面向对象的特点，所以在模型重用过程中也就更加便捷。基于此，Modelica 联盟开始对其标准模型库进行建立和维护，很多学者与组织也开始对适用于该领域的商用 Modelica 标准模型库或免费 Modelica 标准模型库进行研究和开发。如今，Modelica 语言的标准模型库已经涵盖了十分广阔的范围，其中有对类型进行定义的模型库，数字函数模型库，连续数据及离散数据的输出、输入模型库，一维形式的直线运动模型库，电子及电子元件类型的模型库，动力系统传动部件模型库及动力系统部件模型库等。因为模型库涵盖很多领域，所以模型的建立也比较容易实现。在具体应用中，用户仅仅需要从 Modelica 联盟所发布的相关模型库中找出自己需要应用的模型，然后将这些模型连接到一起，并对相应的参数加以改变即可。在此过程中，用户无须了解各模型的原理及其使用方法。如果用户需要的模型在模型库中不存在，用户也可以通过手册进行相关动态方程的查询，然后直接进行模型建立，并将自己建立的模型导入模型库，以便今后重用。同时，在对模型库进行建立的过程中，建立者也封装了模型，避免各模型的细节被泄漏出去，这就为厂家新品发布时的仿真模型发布提供了便利，并使其商业机密得到良好保护。

3）Modelica 语言模型建立仿真环境概述

在 Modelica 语言的应用和推广过程中，仿真工具是模型建立所必需的工具。在模型建立工具具体的应用过程中，需要应用到的用户界面为圆形界面，通过对各模块的拖放实现仿真模型的建立，并自动将模型图转化为 Modelica 语言形式的文本。在 Modelica 形式模型的转化过程中，仿真工具可在仿真环境实现高效的执行，在这种情况下，就需要应用到复杂的符号变换技术来实现。因此，仿真工具需要对各种形式的积分算法进行应用，以此来实现模型的求解，并保障其输出结果的可视化。

如今，很多 Modelica 形式的模型建立仿真工具都已经出现，有商用工具，也有免费工具。

Dymola 就是一款物理系统动态形式的仿真软件，它的开发者是 Dynasim 公司，创始人是 Modelica 语言基本概念的提出者 Hilding Elmqvisto。在这款软件内部，包含着很多 Modelica 方面的图形模型建立工具，可以通过文本以及图形进行仿真模型的建立，其中有 Modelica 语言的转换器，通过这种转换器可以将通过该语言所建立的 100 000 个等式以上的大型仿真模型以及实时仿真模型转换为其内部的格式，同时也为其转换提供了 10 种变步长积分的不同算法。在具体的应用过程中，用户可以按照不同的类型进行不同算法的选择与应用。同时，该软件还提供了可以和 MATLAB/Simulink 连接的接口，通过这种接口可以让通过 Modelica 建立的模型转变为 Simulink 形式的 S 函数。同时，借助该软件，可以输出相应的仿真效果图，也可以模拟三维动画的形式进行仿真模型的展示。

MathModelica 是以 Modelica 语言为基础开发出的一款模型建立和仿真工具，其研发者是 MathCore Engineering 公司。该仿真工具可以和 Mathematica 以及 Microsoft Visio 实现紧密集成。同时，工具也提供了一种图形模型建立以及编辑工具，可实现 Microsoft Visio 的有效扩展。在该仿真工具的内部，Dymola 的

Modelica 语言转换器以及仿真引擎依然在使用。将该工具和 Mathematica 进行集成应用，用户可通过 Mathematica 中的 notebook 实现模型文本的编辑工作，并借助其模型仿真的结果以及强大的功能实现模型的计算、分析及输出。另外，MathCore 也研发出了一种模型转换器，通过这种模型转换器可以将 SolidWorks 模型转换为 Modelica 模型。

3.2.2　特征抽象和参数提取

特征可以理解为对象的属性，Modelica 语言是一种面向对象的语言，它可以将类作为中心组织进行数据的封装，它所强调的是陈述形式的描述及模型的重新使用，通过面向对象的方法定义组件与接口，同时也对组件连接机制、继承机制及分层机制的模型构建提供支撑。Modelica 形式的模型其实属于一种数学描述形式，它具有陈述式的描述特征，相较于其他的代号编写形式，该模型可以让设计语言变得更加抽象化，因为通过这种形式可以将很多细节省略。比如在将数据在组件之间进行传输的过程中，就不需要编写代码。

Modelica 语言面向对象进行模型建立的思想可以体现出三种组织模型的方式，如图 3－26 的电路模型所示。其层次化模型建立方式是分别对系统层以及组件层进行模型描述，图 3－26 中的源代码仅仅给出描述系统层的代码。在 Circuit 这一系统模型中有很多的连接语句，如 connect（R1. p, VS. p）这种模型组织方法就可以充分体现出各组件之间的连接形式。观察该电路模型 Capacitor 中的电容组件模型描述代码可以发现，Capacitor 是在 TwoPin 类的基础上衍生出的模型，这也是继承形式模型组织方法的具体体现。

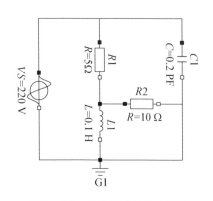

图 3－26　简单形式的电路模型

此外，为了用户能够更方便地进行参数输入和参数选取等，在实施过程中组件参数编辑界面要求如下。

（1）根据参数类型或参数归属对参数在参数框中进行功能区域的划分。

（2）对每个模型参数功能及含义进行描述。

（3）Modelica 语言中参数分组的实现示例如下，针对经过参数提取后的模型，其参数框在模型中的呈现如图 3-27 所示。

组件参数			✕
常规 升力系数 阻力系数 侧向力系数 俯仰力矩系数 滚转力矩系数 偏航力矩系数			
▼ 其他			
MaxFlap	MaxFlap		最大襟翼偏度
MaxSpoiler	MaxSpoiler		最大扰流板偏度
▼ 气动外形			
MAC	MAC		平均气动弦长
b	b		翼展
S	S		翼参考面积
sweep	sweep		机翼前缘后掠角
eType	eType		类型选择
eSet	eSet		用户设定奥斯瓦尔德系数（Oswald）

图 3-27 Modelica 模型的参数框

3.2.3 特性分析和优化

通过 Modelica 语言构建系统模型的一大优势是可以将多个专业的模型集成在一个平台上，并通过统一的求解器进行模型的解算。以模型作为基础，可以实现基于模型的仿真分析，进而实现对系统的特性分析、设计、优化。

Modelica 本身仅仅是一种语言，针对基于模型的特性分析、设计、优化一般则是由支持 Modelica 语言的软件平台实现。例如，苏州同元信息技术有限公司自主研发的 Mworks 就提供了基于模型的分析、设计与优化工具箱，如图 3-28 至图 3-32 所示。

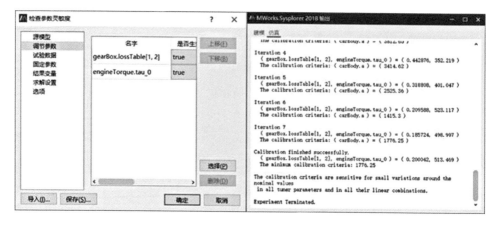

图 3-28　Mworks 参数灵敏度分析

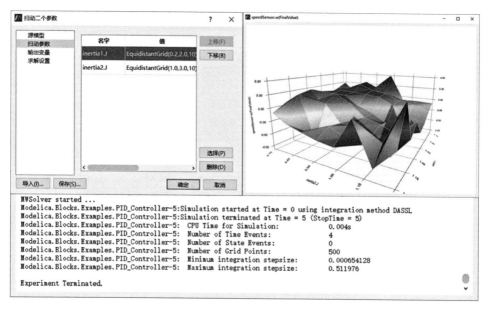

图 3-29　Mworks 参数扫动/扰动分析

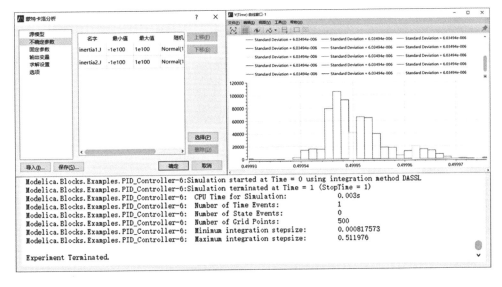

图 3-30　Mworks 蒙特卡洛分析

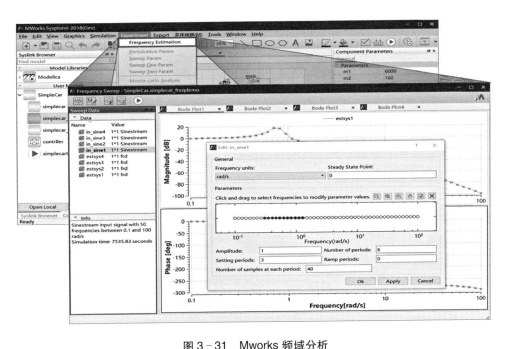

图 3-31　Mworks 频域分析

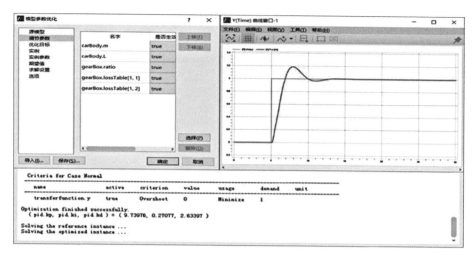

图 3‑32　Mworks 多目标优化

3.2.4　架构定义与参数优化

Modelica 语言作为面向对象的建模语言，适用于针对多领域系统架构的描述和表达，在架构模型的基础上，利用 Modelica 语言的可替换组件类与重声明机制，可以完成针对架构模型的实例化、演进。可通过基类模型描述一个系统的架构定义，在基类模型中，描述了系统的构成、各子系统或部件的接口关系、参数等信息。通过一个简化的闭环控制回路阐述基于 Modelica 语言架构设计的技术原理。图 3‑33 所示为基类 Modelica 语言架构模型。

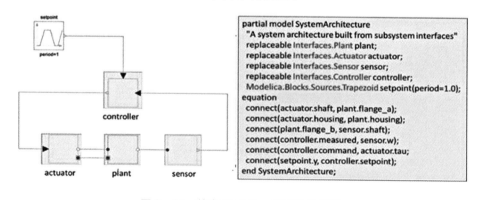

图 3‑33　基类 Modelica 语言架构模型

图 3 - 33 所示的基类模型代码中，partial 为基类模型的关键字，表示所生成的模型尚未实例化，不能运行。但在模型视图中，可以体现该系统的顶层结构、接口及连接关系。基于该模型的系统功能架构设计，通过 Modelica 提供的丰富的模型库建立功能模型库，这里所建立的功能模型库由简单的数据流、状态机等组件构成，以实现功能模块之间的信息交互关系，即数据流（靠数据来驱动）和控制流（靠事件驱动），并且通过 Modelica 语言的重声明机制，实现模型组件的快速替换，从而将其实例化为可运行的功能架构模型，如图 3 - 34 所示。

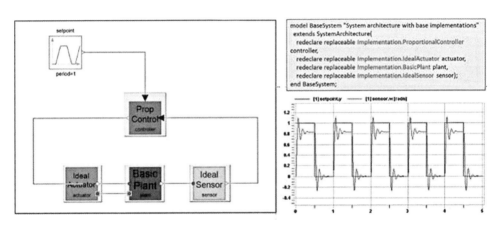

图 3 - 34　重声明基类模型得到系统功能架构模型

如图 3 - 34 所示的模型代码中，redeclare 为 Modelica 重声明的关键字，通过将基类模型进行重声明为功能模型库中的功能组件，得到系统的功能架构模型，实现了架构的可运行。功能模型库中针对组件进行了简单的行为描述，通过架构模型的运行仿真，可实现系统架构合理性的初步分析，同时针对需求进行确认与验证。

同样，进一步基于 Modelica 标准库建立系统的逻辑模型库，逻辑组件表达系统的组成，组件间的接口和连接表达系统间传输的物理量、控制信号、消息等。通过重声明，实现由功能架构模型到逻辑架构模型的实例化，如图 3 - 35 所示。

架构模型通过实例化后，通过调整系统的相关参数，执行模型仿真，或通过

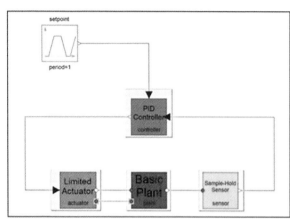
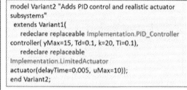
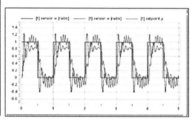

图 3‑35　架构模型的持续实例化演进

批处理或批量仿真的方式，对既定架构的系统模型进行优化分析。

3.3　总结

　　SysML 是一种标准建模语言，它不是标准过程或方法。SysML 能够支持各种复杂系统的详细说明、分析、设计、验证和确认，这些系统可能包括软件、硬件、信息、过程、人员和设备等，可提高系统体系结构设计工具间的信息交互能力，建立统一的系统设计构架，实现硬件与软件等异构组件系统的有效集成，提升系统间的互操作水平。SysML 的定义包括语义和表示法两部分，语义是对现实世界的抽象描述，表示法定义了 SysML 符号的表示，为系统建模提供标准。Modelica 语言作为一种开放的、面向对象的、以方程为基础的语言，适用于大规模复杂异构物理系统建模，包括机械、电子、电力、液压、热流、控制及面向过程的子系统模型。Modelica 模型的数学描述是微分、代数和离散方程（组），它具备通用性、标准化及开放性的特点，采用面向对象技术进行模型描述，实现了模型可重用、可重构、可扩展的先进构架体系。

参考文献

［1］周书华，曹悦，张政，等.基于 SysML 和 Modelica 的复杂机电产品系统设计与仿真集成［J］.计算机辅助设计与图形学学报，2018，30（4）：728－738.

［2］张政.基于 SysML 和 Modelica 的多领域设计和仿真建模集成［D］.杭州：浙江大学，2017.

［3］Paredis J J C, Bernard Y, Burkhart R M, et al. An overview of the sysml-modelica transformation specification［J］. INCOSE International Symposium，2010，20（1）：709－722.

［4］杨世文，苏铁熊，李炯.基于 Modelica 语言的面向对象的发动机建模与仿真［J］.车用发动机，2004（2）：39－42.

［5］金鑫.基于 Modelica 的车用主动稳定杆系统的多场耦合建模与仿真［D］.合肥：合肥工业大学，2014.

［6］李海林.基于 Modelica 的操舵液压系统建模与仿真［D］.武汉：华中科技大学，2012.

［7］仵林博，陈小红，彭艳红，等.基于 SysML 的嵌入式软件系统建模与验证方法研究［J］.计算机工程，2019，45（1）：1－8.

［8］冯豪.基于 Modelica 的 SysML 状态机模型仿真方法［D］.南京：南京大学，2014.

［9］徐营赞，郄永军，朱伟杰.基于模型的需求-功能-逻辑-物理系统工程方法在航空系统设计中的应用［C］//第八届中国航空学会青年科技论坛，2018－11，中国广东江门：1386－1391.

［10］邱晓红，龚姚腾，邱晓辉.Modelica 扩展建模的故障诊断技术研究［J］.科技通报，2011，27（5）：641－646.

［11］李哲，阎威武.炉温控制系统 Modelica 建模与仿真实现［J］.实验室研究与探索，2010，29（10）：210－212.

第 2 部分　方　法　篇

第4章 面向飞机系统设计的 MBSE 方法

目前，国际上已经出现了一些较为成熟的 MBSE 方法，其中对飞机系统设计具有借鉴意义的方法包括 IBM 的 Rational SE（RSE）、INCOSE 的 OOSEM 和 NoMagic 公司的 MagicGrid 方法等。这些 MBSE 方法的特点如下。

（1）IBM 的 RSE 方法[1] 倾向于软件开发，不适用于飞机复杂系统的设计。

（2）INCOSE 的 OOSEM 方法[2] 比较通用，但并没有考虑民机系统设计领域的多视角和高安全等特征。

（3）NoMagic 公司的 MagicGrid[3] 是针对敏捷系统设计开发的方法，适用于简单系统设计，并不适用于复杂度非常高的飞机系统设计。

OOSEM 是一个自顶向下的场景驱动的方法，使用 SysML 支持系统的分析、规范定义、设计和验证。OOSEM 方法中的系统规范定义和设计过程包括构建模型、分析利益攸关方需要、分析系统需求、定义逻辑架构、备选物理架构综合设计、优化和评估备选方案、管理需求追溯性。本章提出的 MBSE 方法参考了 OOSEM 方法的过程框架，结合飞机系统设计的系统工程任务和高集成度、高安全性等特征，对 OOSEM 过程框架进行了重组并引入了一些新的子过程。

MagicGrid 方法使用一张平面的网格流程完成系统设计，表达形式比较紧凑和简洁，本章提出的 MBSE 方法借鉴了 MagicGrid 的形式，同时考虑到飞机系统多层级设计的特征，构建了一个立体的 MBSE 网格。

4.1　立体 MBSE 网格和基本建模规则

飞机系统设计 MBSE 方法的核心是立体 MBSE 网格，如图 4－1 所示。

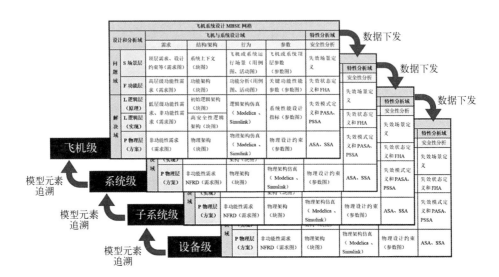

图 4－1　立体 MBSE 网格

飞机级、系统级、子系统级或设备级的单层 MBSE 网格之间仅存在设计建模对象颗粒度的区别，设计流程和建模方法基本类似（设备级的软硬件开发可能需要遵循更加细化和严格的设计建模流程），单层 MBSE 网格如图 4－2 所示。

考虑到飞机复杂系统设计具有多视角、多层次、系统间设计参数强耦合等特征，飞机系统设计 MBSE 方法将飞机系统设计分为两个域（问题域和解决域）、四个视角（场景、功能、逻辑和物理）、若干设计抽象层级（飞机级、系统级、子系统级、设备级），对不同设计阶段、不同成熟度和不同颗粒度的设计工作进行解耦；多个层级的系统设计构成立体 MBSE 网格，而每个平面网格只描述同一个设计抽象层级的工作。

考虑到飞机系统设计的高安全性特征，飞机系统设计 MBSE 方法将逻辑视角进一步分为两个子视角，即初始逻辑设计视角和高安全性逻辑设计视角。

飞机系统设计 MBSE 网格					
设计和分析域		飞机与系统设计域			特性分析域
		需求	结构/架构	行为	参数	安全性分析
问题域	S 场景层	顶层需求、设计约束等（需求图）	系统上下文（模块图）	飞机或系统运行场景（用例图、活动图）	飞机或系统顶层参数（参数图）	失效场景定义
	F 功能层	高层级功能性需求（需求图）	功能架构（模块图）	功能分析（用例图、活动图）	关键功能性参数（参数图）	失效状态定义和FHA
解决域	L 逻辑层（原理）	低层级功能性需求、非功能性需求（需求图）	初始逻辑架构（模块图）	逻辑架构仿真（Modelica、Simulink）	系统性能设计指标（参数图）	失效模式定义和PASA、PSSA
	L 逻辑层（实现）		高安全性逻辑架构（模块图）			
	P 物理层（方案）	非功能性需求（需求图）	物理架构（模块图）	物理架构仿真（Modelica、Simulink）	物理设计约束（参数图）	ASA、SSA

图 4-2 单层 MBSE 网格

考虑到对系统工程任务的全面覆盖以及与 SysML 建模语言的匹配，飞机系统设计 MBSE 方法在每个视角统一引入了四个子设计域，即需求、结构/架构、行为和参数，以确保相应视角层设计工作的完备性。

考虑到多视角和多层级架构模型对安全性分析工作的结构化支持，飞机系统设计 MBSE 方法在每个视角引入了基于系统模型的安全性分析等特性分析过程，将飞机系统设计工作和安全性分析工作实时协同。

飞机系统设计 MBSE 方法中，各抽象层级系统架构的设计原则均为"从物理架构到物理架构"；设计起点是目标系统的"黑盒物理架构"，即"系统上下文架构"，设计终点是目标系统的"白盒物理架构"，即"系统物理架构"；从黑盒物理架构到白盒物理架构的转化包括功能架构、初始逻辑架构和高安全性逻辑架构的设计过程。

飞机系统设计 MBSE 方法具有"架构设计聚焦"特性，由于飞机系统的复杂性，不可能在总体层面直接描述飞机整机系统的全局行为；同时，考虑到"系统行为设计"的不稳定性，飞机系统设计 MBSE 方法以"系统架构设计"为中心，首先根据已有的设计经验进行静态架构设计；然后在相应视角识别关键用例，并进行关键用例的场景活动分析，对静态架构设计进行校核；飞机系统设计MBSE方法中，行为分析作为架构设计的确认手段。

基于SysML建模语言[4]和Modelica[5]、Simulink仿真语言的用途，飞机系统设计MBSE方法中基本的建模规则（已标注在MBSE网格的每个格子中）如下。

（1）使用包图组织模型元素。

（2）使用需求图捕获基于文本的需求，支持系统设计目标和要求的定义，包括功能性需求和非功能性需求等。

（3）使用用例图描述飞机或系统运行场景的集合，并使用活动图对用例场景进行细化描述或功能分析，支持功能定义或需求捕获。

（4）使用块定义图定义系统上下文，识别外部关联系统和用户；使用内部模块图描述系统上下文中的系统与外部实体的接口。

（5）使用块定义图分解系统，定义各视角下的系统架构；使用内部模块图描述系统部件之间的接口交联关系；使用分配矩阵描述不同视角下系统架构元素（功能、逻辑组件、物理设备）之间的分配关系。

（6）使用块定义图定义"系统分析"的上下文，以明确针对目标系统需要执行的分析内容，并使用参数图描述相应分析的参数关联关系。

（7）使用需求图或表格，描述系统设计方案对系统需求的满足关系。

（8）使用Modelica或Simulink仿真语言对系统架构进行动态行为和性能的仿真。

（9）在开展各视角各层级系统设计和建模时，同时搭建基于系统模型的安全性分析模型，包括故障树模型等。

4.2　SFLP视角框架

飞机系统设计MBSE网格的"行"代表不同视角，分别是场景视角（S层视角，scenario）、功能视角（F层视角，functional）、逻辑视角（L层视角，

logical，进一步分为两个子视角，即初始逻辑视角和高安全性逻辑视角）、物理视角（P层视角，physical）。其中，场景视角和功能视角属于"问题域"，逻辑视角和物理视角属于"解决域"。

从场景视角到功能视角，到逻辑视角，再到物理视角，设计视角的转换反映了飞机系统的正向设计过程。问题域中，从场景视角向功能视角的转换意味着将外部对目标系统的顶层需求和设计约束转化为清晰的设计问题描述，包括场景、功能架构和功能性需求等；解决域中，从功能视角向逻辑视角进而向物理视角的转换过程意味着通过选用合适的技术方案并进行必要的工程分析，将问题域清晰的设计问题描述转化为目标系统的物理解决方案。贯通各视角的需求分配、架构元素分配、确认和验证链路等追溯性关系确保了目标系统的物理解决方案对顶层需求的符合性。

飞机系统设计 MBSE 方法中每个视角的关注点如下。

（1）场景视角关注黑盒状态下的飞机或系统的外部功能分析，即将飞机作为一个整体，飞机在运行场景中需要具备的功能。

（2）功能视角关注白盒状态下的飞机或系统的内部功能分析，即为实现外部功能，需要补充必要的内部功能，如公共资源的提供等。

（3）逻辑视角关注目标系统的技术方案选择，以及必要的高安全性设计（包括冗余设计等）。

（4）物理视角关注软硬件集成和公共资源分配，并关注安装需求定义等。

4.3　系统设计域和安全性分析域

飞机系统设计 MBSE 网格的"列"代表飞机系统设计域和特性分析域，其中飞机系统设计域进一步分为需求、结构/架构、行为和参数四个子设计域，而特性分析域主要包括安全性分析。

需求、结构/架构、行为、参数子设计域和安全性分析域分别关注飞机系统设计中的不同部分，这四个子设计域和安全性分析域之间要保持设计数据的充分协同，具体描述如下。

（1）架构设计是主线，主要设计活动包括组件定义、接口定义、技术决策、物理资源分配和驻留方案选择等；功能架构中的功能组件和接口、逻辑架构中的逻辑组件和接口、物理架构中的物理设备和接口之间是逐层分配的关系，即功能分配给逻辑软件或者逻辑硬件，逻辑软件需要驻留在物理电子硬件中，而逻辑硬件需要由实际物理设备实现；系统上下文架构决定了目标系统的外部物理接口，而系统物理架构的设计需要满足该约束。

（2）行为设计用于确认架构，主要设计活动包括基于场景的外部功能活动分析、基于场景的架构行为交互分析、基于场景的解决方案测试验证等。

（3）架构设计和行为设计会实现高层级需求，并产生低层级需求。

（4）参数设计用于对架构的接口设计和行为设计进行参数化的约束。

（5）需求设计的主要活动包括承接顶层需求，结构化存储从其他子设计域得到的细化需求并建立各层级需求的追溯性，以及建立需求与其他系统设计元素的关联关系等。

（6）安全性分析域主要针对"架构设计"和"行为设计"进行安全性分析，支持安全性需求的提出、架构安全性设计决策的识别，以及架构安全性设计特性的校核等。

（7）从初始逻辑架构到高安全性逻辑架构，需要引入高安全性的设计决策，包括增加冗余通道、增加监控机制等，高安全性设计决策的依据是初步飞机安全性评估（PASA）或初步系统安全性评估（PSSA）中的飞机系统架构安全性评估结论。

结构/架构子设计域的建模采用模块定义图、内部模块图和分配矩阵，示意模型如图 4-3 至图 4-5 所示。

系统分解结构模型可以清晰地呈现目标系统和组件之间的分解关系，系统接口架构模型可以清晰地呈现各系统组件的接口及接口间的交互内容，功能到系统组件的分配矩阵可以清晰地呈现不同视角架构元素之间的分配关系。

行为子设计域的建模采用活动图，示意模型如图 4-6 所示。

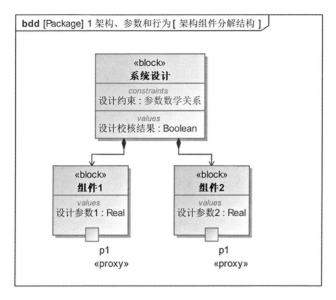

图4-3　系统分解结构模型

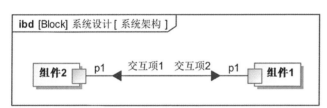

图4-4　系统接口架构模型

图4-5　功能到系统组件的
　　　分配矩阵

　　某场景下的系统行为模型可以清晰地反映不同系统组件在当前场景下的行为活动时序和数据交互关系，支持对系统静态架构进行动态行为设计；不同组件活动之间的数据交互与系统架构中相应组件之间的接口需要保持一致，确保静态架构和动态行为的设计一致性。

　　参数子设计域的建模采用参数图，示意模型如图4-7所示。

　　参数间设计约束模型可以清晰地反映不同系统组件的设计参数之间的数学关

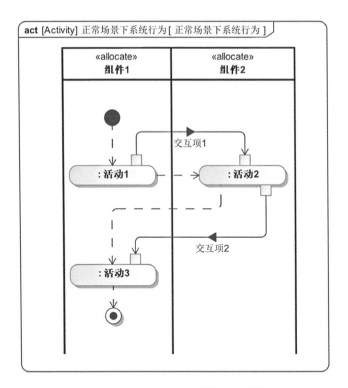

图4-6　某场景下的系统行为模型

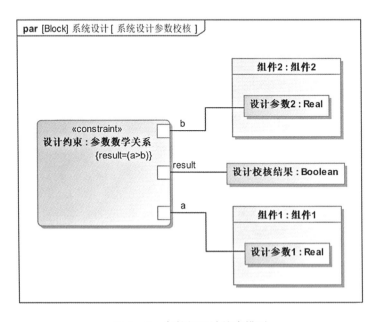

图4-7　参数间设计约束模型

系，并且依据参数图的仿真特性，系统设计参数间的设计约束符合性可以实时呈现在"目标系统块"的参数列表中；通过为各层级系统组件定义设计参数的数学约束关系，可以构建起大规模的飞机系统设计参数约束网络，支持各系统设计的协同推进；实时的系统设计参数约束符合性分析在大规模复杂系统设计中会呈现出巨大的价值，可缩短发现设计不兼容问题的时间并加快多系统设计数据迭代的速度，可以从根本上支持多专业间的设计协同。

　　需求子设计域的建模采用需求图，示意模型如图4－8所示。

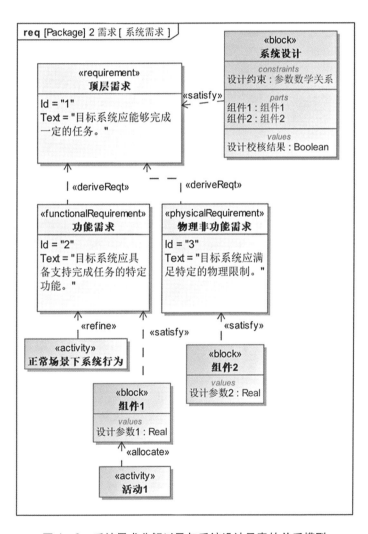

图4－8　系统需求分解以及与系统设计元素的关系模型

系统需求分解以及与系统设计元素的关系模型可以清晰地呈现系统需求的分解（deriveReqt）关系和对系统设计元素的满足（satisfy）关系，同时可以呈现场景分析对需求的完善关系，以及行为活动对系统设计元素的分配（allocate）关系等；通过建立需求、结构/架构、活动等飞机系统设计元素之间的关联关系，可以初步构建起飞机系统设计数据的追溯网络。

安全性分析域的工作基于多视角的系统架构模型并采用结构化的故障树建模方法，示意模型如图4-9和图4-10所示。

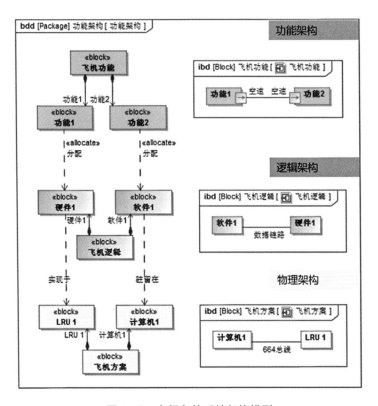

图4-9　多视角的系统架构模型

多视角的系统架构模型反映了不同视角系统架构的内容和架构元素之间的关系。结构化的故障树建模方法首先在功能架构中针对"功能"定义功能失效状态，即"丧失功能2"等；在逻辑架构中针对软件逻辑组件定义失效模式，即

"丧失数据输入"和"软件1不工作"等；在物理架构中针对物理设备和软件构型项定义失效模式，即"计算机1失效"和"软件1研制错误"等。然后根据各视角系统架构元素的接口关系以及不同视角系统架构元素之间的关联关系等，采用故障树模型描述功能失效状态和系统组件失效模式之间的失效传播逻辑。小规模的系统安全性分析可能并不需要结构化的方法，但结构化的故障树建模方法在大规模的飞机系统安全性分析中呈现出了巨大的价值。

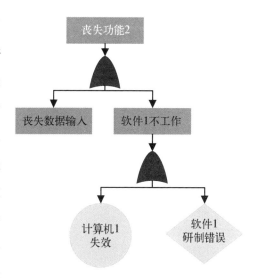

图4-10 基于系统架构模型的结构化故障树

从以上示意模型可以看出：通过组件分解、接口连接、参数绑定、需求分解和分配、活动分配等各种关系可以构建飞机系统设计内容之间的数据追溯网络；采用基于网络化模型的数据检索手段，可以针对各种目标生成相应的设计分析报告，如飞机需求文档、飞机系统架构设计方案文档、飞机系统设计参数分析文档、飞机系统方案对顶层需求的符合性分析文档等；基于成熟的、统一且协同的飞机系统设计模型，可以生成飞机和各系统的协调一致的产品规范，可以有效避免出现数据不同步的问题。

4.4 单层网格上的设计和建模流程

飞机系统设计MBSE方法单层网格代表某个具体设计抽象层级的设计工作，包括飞机级、系统级、子系统级和设备级；基于MBSE方法的"架构设计聚焦"特性，以及场景-功能-逻辑-物理（SFLP）视角框架和各系统设计域的内涵，在图4-2所示的单层网格上的设计和建模流程如图4-11所示。

某个具体设计抽象层级上的设计和建模流程如下。

飞机系统设计 MBSE 网格					
设计和分析域		飞机与系统设计域				特性分析域
		需求	结构/架构	行为	参数	安全性分析
问题域	S 场景层	顶层第1步:设计约束与需求(梳理顶层需求)	系统第2步:搭建系统上下文(模型架构)	飞机域系统运第2.1步:描述黑盒系统行为(图、活动图)	飞机第2.2步顶根据需求,结合架构,定义顶层(参数)	第2.3步:结合行为,识别失效场景
	F 功能层	高层第3.1步性需求:捕获功能需求	功能第3步:搭建功能架构	功能第3.2步:用例描述白盒系统行为	关第3.3步性能:针对功能架构,定义性能参数	失第3.4步:定义功能失效,开展FHA
解决域	L 逻辑层(原理)	低层第4.1步性需求:高层级需求分配,捕获功能性和非功能性需求	初始逻辑架构(模第4步:搭建逻辑架构高层逻辑架构(模块图)	逻辑第4.2步:真开展系统动态行为和性能仿Simulin真	第4.3步:针对逻辑架构,定义设计指标约束网络	失第4.4步:定义失效模式,开展初步PS安全评估
	L 逻辑层(实现)					
	P 物理层(方案)	非功第5.1步:需求分配,定义(安装需求)	物理第5步:搭建物理架构(模块图)	物理架构仿第5.2步:开展物理特性仿真Simulink	第5.3步:针对物理架构,定义物理设计约束网络	第5.4步:定义失效模式SA:开展安全设计校核

图 4 - 11　单层 MBSE 网格上的设计和建模流程

第 1 步,梳理顶层需求,即梳理外部对目标系统的顶层设计需求和设计约束要求(也称"系统顶层需要")。顶层需求一般通过"产品规范"进行严谨的定义和不同设计抽象层级之间的传递。

第 2 步,搭建系统上下文架构,即以目标系统为黑盒,搭建系统上下文架构模型描述目标系统与系统外部实体(如其他系统、系统操作人员和环境)之间的接口交互关系。在上下文架构的基础上,搭建系统黑盒行为模型描述目标系统与外部实体之间的交互逻辑以识别接口和设计约束。根据顶层需求,结合系统上下文架构,识别系统顶层关键设计参数,如飞机的商载和航程等。在明确目标系统与外部实体之间的交互逻辑的基础上,识别目标系统的失效场景,一方面支持失效场景下的系统行为分析,另一方面作为安全性分析的初始输入。

第 3 步,搭建功能架构,即将黑盒形式的目标系统打开为白盒,在明确外部功能要求和内部功能分解的基础上,搭建功能架构模型描述功能之间的接口交互关系。功能架构的设计和建模一方面要依据场景视角分析中识别到的外部功能需求,另一方面要依据飞机系统设计的成熟经验(经过多年的发展,飞机系统的基本功能已比较稳定）。在静态功能架构的基础上，搭建系统的白盒行为模型描述不同场景下系统功能之间的交互逻辑以分析系统行为并识别功能接口，并通过行为的时序逻辑仿真对静态架构设计结果进行确认。结合功能需求，针对功能架构和量化的运行场景参数（如环境温度等）定义与功能相关的性能参数，如客舱温度控制目标等。在明确功能定义的基础上，定义功能失效状态，并开展功能危险性评估（FHA），支持功能研制保证等级的定义等。

第4步，搭建逻辑架构，即针对问题域的功能架构，明确技术方案选择和安全性设计要求，并定义系统逻辑组件包括冗余的软件、硬件、数据传递机制等。在明确系统逻辑组件分解和功能对逻辑组件的分配的基础上，搭建逻辑架构模型描述逻辑组件之间的接口交互关系。搭建逻辑架构时需要考虑高层级需求对逻辑组件的分配，也要顾及到可能会捕获低层级的功能性需求和部分非功能性需求。针对逻辑架构，需要开展系统动态行为和性能仿真，以确认系统逻辑架构设计的合理性。针对逻辑架构，需要为逻辑组件定义设计指标并建立不同组件设计指标之间的约束关系网络。在明确逻辑组件定义的基础上，初步定义逻辑软件的研制错误和逻辑硬件的失效模式，并结合逻辑架构开展初步安全评估。

第5步，搭建物理架构，即针对解决域的逻辑架构，进一步明确技术方案的实现要求并定义系统的物理设备，进而明确物理资源（如计算资源和网络资源）对逻辑组件的分配，并搭建系统的物理架构模型以描述物理设备之间的接口连接关系（总线或管路等）。在搭建物理架构时，需要考虑场景视角、功能视角和逻辑视角中捕获的设计约束，同时需要考虑逻辑视角中需求的分配。在设计物理架构时，会形成与物理设备定义一致的安装需求定义。针对物理架构，需要开展部分物理特性的仿真，如数据传输延迟仿真、电气特性仿真等，以确认物理技术方案的合理性。针对物理架构，需要为物理设备定义设计参数要求并建立物理设计参数之间的约束关系网络，如质量设计参数等。在明确物理设备定义的基础上，结合机械或电子硬件的失效模式相关标准，为物理设备定义失效模式，并结合物理架构开展进一步的安全评估或校核。

在完成当前抽象层级目标系统的物理架构设计和建模后，可以依据物理架构模型，以及与物理架构关联的其他设计元素包括各视角下的需求和参数等生成目标系统的产品规范。产品规范中包含目标系统的物理架构设计方案以及与设计方案匹配的功能需求、功能接口、设备参数、软件定义和软件驻留方案、设备定义和安装需求、功能/物理设计约束、安全性研制保证等级、设备可靠性研制要求等内容。

该抽象层级目标系统的产品规范一方面用于对上一层级产品规范的符合性验证，另一方面作为下一个抽象层级目标系统设计的输入。

4.5 立体网格不同抽象层级上的数据交互

立体 MBSE 网格上不同抽象层级之间的数据交互一方面通过文档形式的"产品规范"进行传递（支持项目管理层评审和决策），另一方面通过模型进行设计工作方面的传递。

在具体的设计工作方面，典型情况下，主制造商的总体专业负责飞机级系统设计，系统专业负责系统级设计和子系统设计，而供应商负责设备级的设计。依据立体 MBSE 网格的定义，各抽象层级系统设计之间的模型数据交互过程符合 SAE ARP4754A 的"V 流程"，具体描述如下。

（1）需求方面。在每个抽象层级进行需求的完整捕获后将必要的需求打包下发给下一个抽象层级，以作为下一个抽象层级设计的顶层设计需求。

（2）架构方面。高层级的功能架构、逻辑架构和物理架构均向下一个抽象层级进行传递，以作为低层级架构设计的框架约束。

（3）行为方面。由于行为分析的离散性，仅对高层级比较关键的用例向下一个抽象层级进行传递，关于高层级用例的场景活动描述等，仅作为下一抽象层级进行行为分析时的参考，不作为框架约束。

（4）参数方面。高层级将组件的参数设计结果保存在相应高层级的"设计块"中，在高层级向低层级传递架构时，组件中的设计参数同时进行传递。

（5）高抽象层级的设计结果向低抽象层级进行传递（数据下发），代表着

"V 流程"的左侧正向设计过程。

（6）低抽象层级在完成设计后需要及时将设计结果回传给高一层的抽象层级（模型元素追溯），在高抽象层级进行初步的设计确认。

（7）在最低抽象层级完成设计后需要将数据逐层回传给高抽象层级，并逐层在高抽象层级进行模型集成，代表着"V 流程"的右侧设计验证过程。

（8）最终在最高抽象层级完成模型的集成，并针对顶层设计需求进行符合性确认，代表"V 流程"的左侧和右侧形成了闭环。

4.6　方法总结

本章对飞机系统设计 MBSE 方法中的"系统设计和建模过程"进行了解释，MBSE 方法总结如下。

（1）飞机系统设计 MBSE 方法的立体网格，集中描述了飞机系统设计所需要开展的多个视角、多个层级的设计内容和数据依赖关系，将飞机系统最终设计方案的高集成度分解到多个视角和多个层级，并将飞机系统安全性分析工作也结构化地分解到各个视角和各个层级。

（2）每层 MBSE 网格的"行"代表 SFLP（场景-功能-逻辑-物理）视角框架，通过对不同视角设计重点和视角转换的解释，呈现了不同设计成熟级别的划分规则。

（3）每层 MBSE 网格的"列"代表系统设计域和安全性分析域，通过各子设计域的内涵解释和示意模型呈现了系统设计和安全性分析的一体性。

（4）每层 MBSE 网格上整体的设计和建模流程以及数据传递，构成了单层网格上的"需求/结构/行为追溯网络"。

（5）立体 MBSE 网格描述了不同设计抽象层级上的数据传递关系，支持构成立体的"飞机设计数据追溯网络"。

通过将飞机系统设计包括安全性分析等工作结构化地分解到多个视角和多个层级，并同时保持多个视角、多个层级设计数据之间的追溯关系，飞机系统设计

MBSE 方法具有以下能力。

（1）覆盖飞机系统设计的系统工程任务。

（2）满足解决高集成度和高安全性等难题的能力要求。

参考文献

［1］HOFFMAN H P. Systems engineering best practices with the rational solution for systems and software engineering deskbook release 3. 1. 2［EB/OL］. (2022－05－27)［2023－05－29］. https：//www. ibm. com/support/pages/ model-based-systems-engineering-rational-rhapsody-and-rational-harmony-systems- engineering-deskbook-312.

［2］INCOSE. Systems engineering handbook：a guide for system life cycle processes and activities［M］. Fourth Edition. New Jersey：John Wiley & Sons, Inc. ，2015：64－70.

［3］NO MAGIC INC. MagicGrid book of knowledge［EB/OL］.［2023－06－01］ https：//discover. 3ds. com/magicgrid-book-of-knowledge.

［4］FRIEDENTHAL S, MOORE A, STEINER R. A practical guide to SysML：the systems modeling language［M］. Third Edition. Waltham：The MK/OMG Press, 2015.

［5］FRITZSON P. Principles of object oriented modeling and simulation with Modelica 3. 3［M］. Piscataway：IEEE Press, 2015.

第 5 章　场景分析

5.1　场景的概述

5.1.1　场景定义

场景（scenario）一词来源于戏剧，是指剧情梗概，通常将其解释为具有一定关系的事件的组合。场景分析是一种常用的需求捕获技术，是指把要开发的产品置于其运营场景中，通过分析其在场景中的预期行为，从而获得需求的方法[1]。场景分析方法最早可以追溯到早期哲学家（如柏拉图和塞内卡）的著作。场景分析技术也曾被历史上的军事战略家作为战略规划工具使用。场景分析是一种创造性思维。通过场景分析，可以降低系统中重要需求被忽视的可能性。同时，开发场景活动能够促进组织机构内部之间的沟通。

场景最初出现在软件工程领域，广泛应用于前期的需求分析，用于描述与软件之间的交互关系[1]。由 Ivar Jacobson 最早提出的 Use Case 技术[2]，被实践证明是迄今为止基于场景的、最为系统有效的需求管理技术之一。Use Case 作为软件功能性需求的描述方法，把场景作为具体实例，描述了参与者与系统交互层面上的那些相关交互场景的集合，由此驱动整个软件的开发过程，并建立需求追踪策略，形成需求描述的方法。用例是指用户使用系统时所执行的一个与行为相关的事物序列，这个序列是在与系统的对话中完成的。随之产生的是一个与此类似的概念场景，或称为场景描述。在早期需求捕获等活动中，利益攸关方（stakeholder）在交流需求时使用具体实例要比使用抽象意图更容易理解。场景可以充当介于抽象概念与具体现实之间的中间层。同时，场景作为一种将需求置于上下文中的手段，可以清晰地对需求进行阐述。借助场景，利益攸关方可以通过一系列具体、示范性的交互序列进行需求交流。

Rolland 将场景定义为"由一个或多个活动构成，场景里活动的连接表示从起始到终止状态转换的路径"[3]。基于这个定义，场景元模型含有以下概念：场景有一个起始状态和一个结束状态，起始状态表示场景启动的前提条件，结束状态表示场景执行完成时达到的状态；场景区可分为正常场景和非正常场景，正常场景产生期望目标，而非正常场景有时不能够达到期望目标；活动分为原子活动和活动流，原子活动是互动的，从一个代理到另一个代理影响一些参数对象，活动流是由一到多个活动组成的。

Sutcliffe 将场景定义为"由一系列事件组成，完成用例的一条可能途径"[4]。这个定义表明几个场景可以只为一个用例进行说明，每个场景表示用例中可能会发生事件的一个实例或例子。每个场景可以描述正常活动和非正常活动。该定义下的场景元模型含有以下概念：用例指定一个活动网络，活动网络与目标的实现相关联，目标就是这个用例的目标；每个活动有一个或多个代理，代理可以是人、机器、复合物或一个未指定类型；代理通过自定义特性描述其能力；每个活动也可以产生对象的状态转变；结构对象包括空间属性、物理和逻辑单元。

不同研究者对场景给出了不同定义。由于他们关注系统或场景的角度不同，得到的场景概念各不相同[5]。目前，场景定义大致分为两类，一类将场景描述为静态的，另一类则将场景描述为动态的。

早期通常是用自然语言对场景进行描述，一般都属于静态描述，如场景是一个故事的例子，这个故事来源于对现实有根据的描述；或者场景就是待开发软件系统的真实映象，它通过一组特定活动和活动所要满足的条件来描述[6]。随着基于场景建模技术的逐步应用，越来越多的研究者将场景描述为动态的结构。例如，一个场景描述是指"一种可能发生在几个对象间有目标的交互行为"，它由一个或多个活动组成，每个活动表示一个对象和另一个对象之间的一次交互。在一个场景描述中一系列活动的组合描述了一条唯一路径[7]；或者将场景定义为事件流，该事件流描述一条可能实现用例的路径[3]。也有研究者将场景定义为"场景由一个或多个活动组成，这些活动组合起来描述了特定的路径，这个路径是记录了场景初始状态至最终状态的过程"[8]。

在软件设计中，计算机不仅能够提供相关功能，而且可以对人类活动进行识别。反之，人类的操作活动同样影响设计开发过程。因此，需要一个合适的方法对计算机和人类之间的交互活动进行描述。在这种需求下，有研究者提出了场景的概念，作为一种对开发过程中典型用户活动进行直接表达的方法。一个场景描述了系统如何满足或不满足一个目标（或一组目标）的一个具体实例，通常定义了一系列为满足目标而执行的交互序列（或交互步骤），并将这些交互步骤与系统上下文联系起来。

近些年来，随着场景概念在需求工程、软件工程等领域的逐步应用，人们对场景的重视程度越来越高。基于场景不同使用过程给场景定义了不同概念[5,9]：

（1）场景是描述一个系统和它周围环境的具体实例，这些实例涵盖代理的行为和很多其他信息，以此找到和验证系统需求。

（2）场景是对软件使用状况的局部表示。

（3）场景是可能出现的一组事件的表示。

（4）在面向对象方面，场景可以指用例的一个实际例子。

在工程设计学领域引入场景概念，用来传达设计需求信息。在系统设计方法中，通过在任务阐述阶段创建场景的方法，可以精炼和扩展需求列表信息。场景采用叙述性方式对产品（或系统）的活动及其参与者进行描述，包括用户与产品（或系统）之间的一系列交互信息，如哪些参与者可能会使用产品，如何使用，何时何地使用以及使用过程中产品的反应等。本质上，场景通常讲述人类施加在产品（或系统）上的一系列操作，以及产品（或系统）针对操作响应的（真实或虚拟）事件和活动。一般地，场景通常定义至少一组人类活动及至少一组产品（或系统）活动，这在很大程度上来源于经验。因此，用场景进行需求表达时，由于其具体化实例的描述，使得利益攸关方和设计师在交流需求时更加方便。此外，场景也可被设计师用来对产品与其工作环境之间的交互进行建模。

一个完整的场景应该至少明确包含以下几个特征要素：参与者、时间、地点、活动/事件以及场景条件（包括前置条件和后置条件）。其中，参与者是与产品（或系统）进行交互的人或其他产品或系统，是作用或事件发生的主体。需要指出，场景不仅描述产品（或系统）与参与者之间的交互，还可能描述参与者之间或参与者与环境之间的交互。另外，参与者在场景中通常会有不同的角色，角色表明参与者的特定类型。时间和地点表明了场景什么时候发生以及在什么地方发生的信息，属于刻画一般场景上下文的背景元素。活动/事件指的是参与者对产品（或系统）的作用或发生的事件。一个参与者或产品的某些特定活动能够引起其他参与者的状态变化。场景执行前后，各参与者的前后状态构成了场景条件的基本要素，执行场景前必须满足的一些条件（即前置条件）和执行完某场景后应该满足的条件（即后置条件）统称为场景条件。需要注意，不一定每个场景中都包含以上几个特征要素，如果其中一个或几个要素省略后不影响对场景的描述和理解，可以不用指定。例如，假设场景"刹车减速控制"的上下文信息为"在正常道路上行驶的某驾驶员，发现前车紧急制动，两车距离迅速拉近，该驾驶员踩下制动踏板，两车保持安全车距未发生追尾"。在该场景中，参与者包括驾驶员和刹车系统，此场景中省略了时间要素，地点是正常道路，驾驶员踩下制动踏板是特定活动，场景条件包括前置条件"汽车正常行驶时，前车紧急制动"和后置条件"两车保持安全车距未发生追尾事故"。需要指出，当一个场景比较复杂时，可能会包含一系列有因果关系的事件或活动。为了将初始客户需求具体化，可将复杂场景分解成一系列子场景。每个子场景的基本特征要素和完整场景要素一致。

5.1.2 场景的作用

通过场景分析，可以在一定程度上确保系统（或系统集合）成功执行任务需求。场景是系统应如何运行以及如何与其他系统进行交互的说明。场景用一种易于理解的方式描述，工程师可以通过它了解系统的各部分如何工作和交互，并验证系统是否满足用户的需求和期望。

对场景进行描述，应当针对所有运行模式、任务阶段以及识别出的所有用户的关键活动顺序。每个场景都应适当包括事件、活动、信息和交互，以提供系统的全方位运行理解。场景能够通过抽象进行关联，也能够经过一些设计关联到上下文场景、活动图或用例图。可以通过场景分析捕获设计需求，场景在需求工程中主要有以下三个方面的作用。

（1）描述用例，这些用例与自然语言用法类似，包含系统的环境。

（2）表示设计系统的期望，它还含有行为活动序列和可能的上下文说明。

（3）执行路径可以用消息队列或活动图的方式表示。

目前，场景技术已被引入民用飞机系统工程领域，用于描述飞机与运行环境之间的相互作用关系，可用于飞机功能识别和需求捕获，出发点是让飞机能够更好地运行。民用飞机的运行场景分析面向的是整个航空运输体系，站在航空公司、飞行员、乘务员、勤务人员等利益攸关方的视角，描述预期的飞机如何在预定环境中运行。站在飞机顶层考虑场景，在设计之初将飞机作为黑盒/灰盒，考虑飞机如何在航空运输体系中运行，称之为飞机"运行场景"。运行场景是为执行某一任务而发生的飞机与外部环境（包括相关利益攸关方和外部系统、运行环境）之间的一系列具有时序和逻辑关系的交互活动和物理联系。飞机在整个运行过程中会遇到什么样的情况，就会产生相应的运行场景。飞机运行场景要考虑到飞机产品在运行中可能遇到的各种情况，比如飞机正常飞行一个航段的场景、地面维修的场景、高高原/极地等特殊运行场景、应急情况下的场景、单发失效的场景。通过场景分析，可以捕获研制需求。全面地分析场景，才能产生完整的需求。

5.2 场景分析方法及建模

场景分析是指将待开发的产品置于其运行/使用的场景中，通过分析其在场景中的预期行为，从而捕获需求的方法。

5.2.1　场景分析方法

场景无处不在，但又难以被捕获完整。前述章节提到由于关注系统或场景的角度不同，得到的场景概念各不相同，因此场景分析方法也有一定差异。但要完整对场景进行表达，一般需要考虑参与者、时间、地点、活动/事件以及场景条件（包括前置条件和后置条件）等要素。场景识别是场景分析工作的基础，以飞机运行场景识别为例，介绍如何识别场景。

为从方法论上保证捕获到所有可能的运行场景，将飞机运行视为一个多维空间，该多维空间主要包括运行阶段（时间维度）、运行环境（自然环境、机场环境等）、飞机状态（正常状态和故障/失效状态），通过这几个维度的叠加组合，捕获运行场景，如图 5-1 所示。

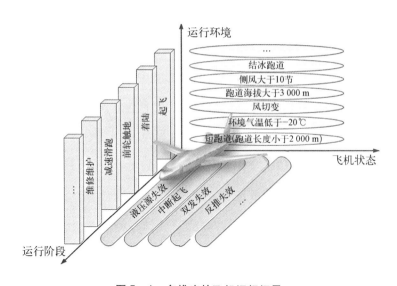

图 5-1　多维度的飞机运行场景

（1）运行阶段指飞机全生命周期运营过程中，基于时间尺度定义的飞机运行阶段，包含飞机航前航后、起飞、爬升、巡航、着陆等。

（2）运行环境包括飞机运行过程中所遇到的各种环境，如风、地形、电磁、污染跑道等。

（3）飞机状态指飞机运行过程中所处于的飞机运行状态，包含正常运行和故障/失效运行状态。

（4）运行类型指所研究的场景处于一般运行方式还是特殊运行方式，常见特殊运行方式主要包括延程运行（ETOPS）、最小垂直间距标准（RVSM）、极地运行、高原运行等。

以上提出了运行阶段、环境条件、飞机运行状态等几个维度，基于这几个维度，通过"多维矩阵"的思路确定场景的节点。确定运行场景节点的主要原则是从每个维度各取一个元素进行组合，得到空间内的点，构成一个运行场景节点。

确定各维度下包含的取值范围后，每个维度各取一个值进行组合，形成若干个包含各种元素的集合，即确定出了若干个场景节点，运行场景节点确定流程如图 5-2 所示。飞机运行场景节点中，某一运行阶段在特定的环境和状态下，为完成某一运行任务需要分阶段执行多个任务，这些任务构成了运行场景。

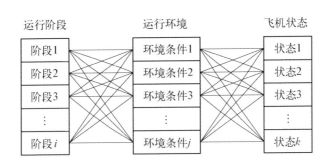

图 5-2 运行场景节点确定流程

通过上述多个维度捕获的运行场景，形成初步运行场景清单。由于初步运行场景清单属于数学上的排列组合，会出现实际运行过程中不存在或对运行无影响的场景，同时由于每型飞机预期的运行环境、飞机状态等存在差异，因此需要对形成的运行场景进行校正。

针对其他产品/系统的场景识别，可以参照上述飞机运行场景识别的方法和流程，可根据应用领域的不同在上述方法中有所变化。在项目概念设计阶段就需要开展运行场景识别与定义活动，通过全面分析场景，捕获完整的设计需求。针对识别出的某项运行场景，通过开展运行场景分析，能够捕获该场景下的设计需求。

场景分析方法主要包括利益攸关方识别、利益攸关方与系统（可以是具体产品、复杂系统等）的交互活动分析、设计需求捕获等方面，具体如下。

（1）利益攸关方识别：在某一场景节点下，参与系统运行的人员，包括直接与系统接触的利益攸关方，如飞行员、乘务员、乘客等，也包括间接与系统接触的利益攸关方，如空管人员、签派员等。

（2）交互活动分析：为了完成特定任务，利益攸关方需要与系统进行一系列的交互活动（包括资源、信息、数据等的传递），这些交互活动就是利益攸关方的操作行为。利益攸关方的操作行为描述应使用"动词/介词+名称"的语言格式，如操控飞机抬头。在描述操作行为过程中，按照需求在活动描述中指明外界的运行限制/约束。

（3）设计需求捕获：基于以上分析，捕获出基于该场景的需求。对于所捕获的需求，应按照类别相似性进行重新组合或概括提炼。

场景分析可以是文本分析、建模分析等形式，以下具体介绍场景建模方法。

5.2.2 场景建模方法

运行场景的建模分析以 SysML 为基础。SysML 是系统工程国际委员会和对象管理组织在对 UML 的子集进行重用和扩展的基础上提出的一种新的建模语言，并将其作为系统工程的标准建模语言。

在运行场景建模分析过程中，应分别建立结构图、用例图、行为图、需求图、交互图等。其中：结构图清晰表达不同场景层级的树状结构；用例图以分析的具体场景为用例，体现该场景下的外部利益攸关方；活动图描述不同利益攸关方和飞机之间的行为交互、体现场景活动的时序逻辑；需求图表达需求的主要文字内容、需求之间的关系（包含关系、继承关系以及复制关系），以及满足、验证和改善它们的其他模型元素；交互图表达交互项和接口信息。

（1）结构图：用模块定义图表达场景的层级关系，可以将场景进行结构化表达，是场景建模的基础。

（2）用例图：应以信息流/数据链（如导航、通信等）、资源流/实体接口（燃油、加油接口等）、利益攸关方-系统交互（如机组与飞机、机务与飞机等）、环境对飞机的影响等主线为参考，全方位识别场景中所涉及的利益攸关方，如塔台、空管、卫星、雷达等。基于已识别的利益攸关方，通过用例图简单描述系统与外部利益攸关方之间的接口关系，利益攸关方用例图模型示意如图5-3所示。

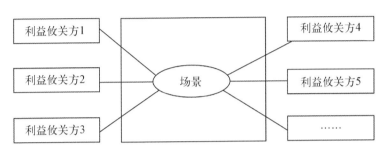

图5-3 利益攸关方用例图模型示意

（3）活动图：在活动图的模型表达过程中，应为系统、利益攸关方（如飞行员、乘务员、乘客、空管人员、签派员、空中交通服务系统、导航系统、通信系统等）设置独立泳道，按流程图的形式表达；用连线表达时序工作流程以及交互关系；同时，考虑在影响场景运行效能的关键指标/参数变量/决策点等处设置逻辑/触发等指令，以及运行限制/约束等。活动图的模型示意如图5-4所示。场景活动图要表示起始状态和结束状态，起始状态表示场景启动的前提条件，结束状态表示场景执行完成时达到的状态，用不同图形表示。

（4）需求图：通过某一场景下利益攸关方-系统交互活动，结合项目研制经验等，可捕获设计需求，用需求图表示。需求图可以对需求进行文本表达，并对需求进行唯一编号，通过建立需求图可对需求进行更清晰的表达，同时可建立需求与场景活动的追溯。

（5）交互图：基于场景活动图中的行为分析，提炼出特定场景下飞机与外部

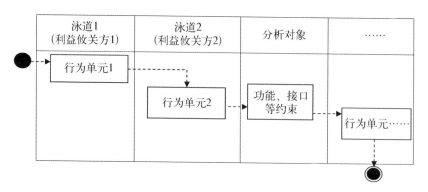

图5-4　活动图模型示意

利益攸关方之间的交互，并表达交互项和接口信息。

5.2.3　场景元模型

在场景模型建立的过程中，可以根据实际建模需要，建立场景相关的元模型。元模型可以更精准地完成设计表达。SysML 作为通用的设计语言，所提供的表达元素抽象程度较高，无法满足场景设计信息的表达。例如，希望区分飞机与外部设备交互的物质类型时，SysML 中仅提供一个 Signal 数据类型，达不到区分的目的，引入交互项元模型，设计人员可以直接以"物质""信号""能量"加以区别，确保建模的一致性；另外，从模型的使用角度考虑，使用元模型便于数据的筛选和知识复用。通过定义元模型，可依据属性进行特定数据的筛选，如在交互图中，如果想展示人对飞机发出的指令，根据交互项类型即可进行调取，处理加工更为便捷。对于具备固定属性参数的某一类元素，定义元模型可通过统一属性赋值，避免重复创建，提高建模效率。

SysML 的元模型理论与 UML 一样，也具有 4 层结构：元-元模型、元模型、模型和用户对象。元-元模型层具有最高抽象层次，是定义元模型描述语言的模型，为定义元模型的元素和各种机制提供最基本的概念和机制。元模型是元-元模型的实例，是定义模型描述语言的模型。元模型提供了表达系统的各种包、模型元素的定义类型、标记值和约束等。模型是元模型的实例，是定义特定领域描述语言的模型。用户对象是模型的实例。场景元模型是在 SysML 第二层元模型的基础上扩展自定义而来。

基于场景模型特性，可以对利益攸关方、交互项和接口类型进行元模型定义。其中：利益攸关方按照不同属性，可以建立人、设备和组织等元模型；交互项按照交互信息的不同，可以按照指令、数据、物质、信号、能量分别建立元模型；接口类型与交互项的划分一一对应，也包含 5 种，分别是指令接口、数据接口、物质接口、信号接口和能量接口。

以利益攸关方为例，分别建立 3 种元模型：人（SH-human）、设备（SH-equipment）和组织（SH-organization）。其中：人（SH-human）用来指代与飞机有直接交互的利益攸关方，如飞行员、机务等；设备（SH-equipment）则用来表示电源车、气源车等设备；组织（SH-organization）则包括局方、环保组织等机构。

5.3 场景应用

SAE ARP4754A[9] 中指出保证需求完整性的困难之一是用户并不总是知道他们在系统中做什么或不做什么，对于新的或新颖的特性尤其如此。从用户那里获取需求的方法有很多。操作和维护场景的早期捕获以及原型化是获取需求的示例方法。由此可以看出，目前场景分析在需求捕获和确认中是已被认可的技术方法。

SAE ARP4754A 中提到飞机开发周期最上层过程包括对飞机功能以及与这些功能相关的需求的识别。该标准将"需求"定义为：需求是功能规范中一个可以识别的元素，它可以被确认，并且需求被确认后可以得到有效实施。即需求是产品必须满足的性能或设计约束的描述，必须是可验证的。可以看出，需求是产品的用户与供应商沟通的纽带，是供应商对用户的承诺，也是用户对供应商的约束。该标准中也指出了需求捕获的方法：需求可能以不同的格式捕获，最常见的是文本或图形。无论格式如何，都应制订需求开发计划和标准，以确定整个需求集的一致性，并确保整个开发团队之间就需求进行沟通。

传统的需求捕获方式主要包括采访、交流、调查问卷等，通过这些方式可获取利益攸关方的需要与期望。因此，需要建立需求捕获团队，与利益攸关方代表进行面对面的沟通。另外，要充分获取利益攸关方需要，还需要设置专门的专业人员定期或不定期拜访客户，以了解客户的实时需要。在此基础上结合飞机的生命周期特点运用质量功能展开（quality function deployment，QFD）法改善捕获结果、评估客户需求、排列这些需求的优先次序，并转化为概念，最终将利益攸关方需要转化为飞机的顶层运行需求。上述方法可能带来的问题是，所捕获的需求完整性有待考量、需求的合理性缺乏强有力的依据。现代需求捕获方法提供了对需求更深的理解，需要较高的开销和较大的努力，但针对项目风险高且高度复杂的系统应采用现代方法。这些方法主要有基于运行场景的方法、基于原型的方法[10]。

通过场景分析捕获设计需求，是场景建模的目的之一，场景的模型化表达能够规范表达出通过场景分析捕获到的需求。通过对某一场景中利益攸关方与所研究对象（如飞机等复杂系统）进行交互分析，是一种行之有效的需求捕获方法[11]。场景模型可以将利益攸关方与所研究对象的时序、逻辑交互通过活动图进行清晰表达，由活动图分析得到的需求，可以用需求图表示，并统一编号以确保需求的唯一性。通过场景模型分析，可以使捕获的需求有所追溯，更利于清晰理解需求。

场景模型还可以应用在联合仿真中。场景活动图所表达的外部利益攸关方与所研究系统之间的时序、逻辑等关系，以及系统状态，可以作为子系统联合仿真的驱动。

本章介绍的场景分析、建模方法等，随着场景建模在系统工程领域的进一步应用会更加规范，所建立的场景模型是后续需求分析、功能分析的输入。

参考文献

［1］凌晨. 基于场景描述的 MIS 需求工程研究［D］. 上海：同济大学，2007.

［2］JACOBSON I. Object-Oriented Software Engineering：A Use Case Driven Approach ［M］. Redwood City：Addison-Wesley Longman Publishing，1992.

［3］ROLLAND C, SOUVEYET C, ACHOUR C B. Guiding goal modeling using scenarios ［J］. IEEE transactions on software engineering，1998，24（12）：1055－1071.

［4］SUTCLIFFE A. Scenario-based requirements analysis ［J］. Requirements Engineering Journal，1998，3（1）：48－65.

［5］CARROLL J M. Scenario-based design：envisioning work and technology in system development ［M］//KYNG M. Creating contexts for design. New York：John Wiley&Sons，1995：85－107.

［6］KAZMAN R, ABOWD G, BASS L，et al. Scenario-based analysis of software architecture ［J］. IEEE software，1996，13（6）：47－55.

［7］SUTCLIFFE A. Scenario-based requirements analysis ［J］. Requirements Engineering Journal，1998，3（1）：48－65.

［8］张烨，李亮，杨阳. 信息系统需求建模方法研究 ［J］. 指挥控制与仿真，2010，32（3）：85－87.

［9］SAE. Guidelines for development of civil aircraft and system：ARP4754A ［S］. 2010.

［10］邓兴民，张惠媛，李建仁，等. 基于运行场景的需求捕获方法在炮塔中的应用 ［J］. 西北工业大学学报，2017，35（S1）：88－92.

［11］HE Y，SUN Y，ZHANG X，et al. Operational scenario analysis method for civil aircraft based on requirement capture ［C］. IOP Conference Series：Materials Science and Engineering，2021，1102（1）：012005.

第 6 章　需求模型

6.1　需求模型的意义

建模可以提升定义系统的方法规范性，通常在系统分析和设计过程中使用。在系统开发过程中经常使用图形来直观地展现开发的某些方面。建模是使这些表现形式正式化的方法，它不仅定义了标准语法，还提供了用于理解和交流与系统开发相关的创意媒介。

建模艺术是系统工程工作中最富创意的一个方面。没有一开始就正确的解决方案，模型是在系统开发的各阶段中逐步建立的。模型通常以直观形式展现。因此，有关信息通过相互链接的图表来表达。虽然"面向对象"等新方法提升了建模的概念，但是大多数方法还是基于长期使用和检验的原则。

模型是系统的一种抽象形式，有意关注系统的某些方面，而不计及其他方面。从这个意义上说，抽象是为了避免干扰，忽略那些虽然重要但与特定模型无关的细节。这样做的好处是可以收集、处理、组织和分析少量的相关信息，应用与研究方面相关的各种特殊技术。

在必须管理大量复杂信息的场合，建模提供了一种出于特定目的宏观收集数据子集的方法，再结合微观观察整体状况，就可以一次性集中处理少量信息，有助于保持对全系统的管控。

模型的类型多样，根据系统的不同方面，可分为功能模型、性能模型、状态模型和信息模型。其中，有一些模型以学科为基础，如流体动力学模型、结构分析模型和热力学模型。

但是，值得注意的是，任何一个特定模型都不会包含所有要素，如果包含所有要素，那么它就不是模型，而是系统本身。因此，通常会使用一些不同类型、可能有相互关联的模型涵盖系统的多个不同方面。即便如此，仍有一些系统特征未能建模。

模型的特点是便于沟通。模型要用于开发团队内沟通，还要在整体组织内沟通，包括利益攸关方。模型的用途各不相同，涉及范围广泛。既可以对整个组织的活动建模，也可以对系统的具体功能需求建模。

建模具有以下优点：

（1）促进整个系统使用一致的、准确定义的词汇。

（2）让系统规范和设计在示意图中直观地呈现出来。

（3）考虑系统多个相互作用的方面和视角。

（4）通过一门确定的学科支持系统分析。

（5）通过动画确认系统的某些设计。

（6）逐步细化具体设计，允许测试案例生成和代码生成。

（7）鼓励不同组织之间使用通用标准符号进行沟通。

系统工程师的很多创意和技术都使用建模方法来表达。本章论述多种模型表现形式以及一些使用这些表现形式的需求工程方法[1]。

6.2　需求工程的表现形式

6.2.1　数据流图

数据流图（data flow diagram，DFD）是大多数传统建模方法的基础，它是符合系统结构和接口（接触面）最低要求的图形表现形式，虽然最初设计用于数据表示和数据流，但事实上数据流图可用来表示任何流动类型，无论其是否为基于计算机的系统。DFD 不展现控制流。

数据流图的组成要素包括：

（1）数据流（带标签的箭头）。

（2）数据转换（圆圈或"气泡"）。

（3）数据存储（水平平行线）。

（4）外部实体（矩形）。

图6-1给出了在传统信息系统上下文中使用数据流图的简单示例。

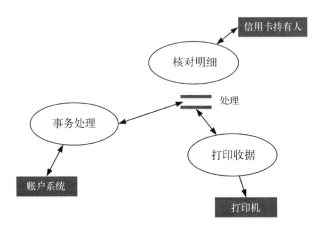

图6-1 数据流图

"流"表示两次转换之间的信息、材料交换。在实际系统中，信息或材料可能具有连续性、急需性、异步性等特点。在使用符号时，必须以各项过程、数据存储和流的文字描述对数据流图进行辅助说明。

数据词典用于定义所有流和数据存储。各节点气泡用于定义系统组件的基本功能。用 P-spec 或 mini-spec 表示。通常是以伪代码形式编写的文字说明。

上下文关系图是 DFD 的顶层图，表示与拟开发系统相互作用的外部系统，如图6-2所示。

气泡可以向下一层次分解。每个气泡都可以分解为一个本身

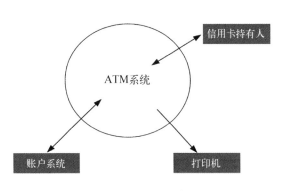

图6-2 上下文关系图

包含气泡和数据存储的示意图，如图 6-3 所示。

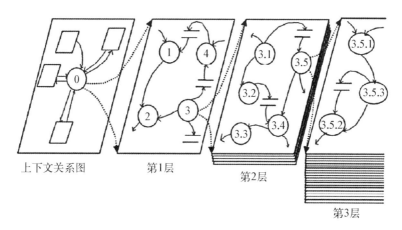

图 6-3 功能分解

以救护车指挥和控制系统上下文关系图（见图 6-4）为例阐述 DFD 的用途，这是系统数据流分析的起点。

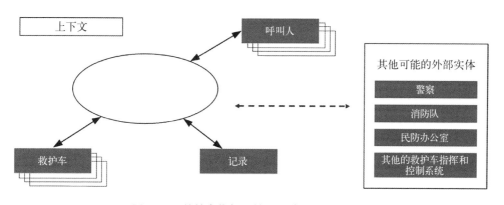

图 6-4 救护车指挥和控制系统上下文关系图

主要外部实体是拨打急救电话的呼叫人和由系统控制的救护车。值得注意的是，记录是系统的一项重要输出（事实上是一项法律要求），也是度量"性能"的一个非常重要的手段。

图 6-5 中给出了实际系统所需的其他可能外部实体，为了简化起见，应将

其忽略。

下一步是确定系统的内部功能。通常，首先要绘制各外部实体的功能，将其作为最小分解单元，然后绘制必须在顶层功能之间流动的基本数据，如图6-5所示。

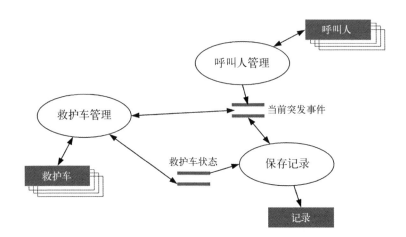

图6-5 救护车指挥和控制系统模型

接着，对顶层功能进行分解，得到如图6-6所示的更多细节。

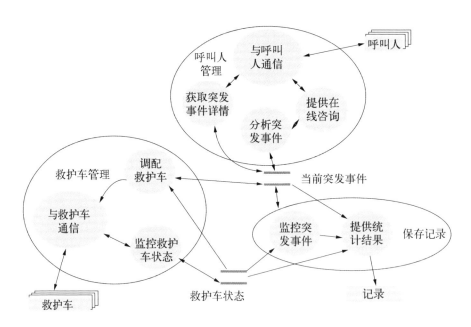

图6-6 救护车指挥和控制系统的具体模型

可将一系列数据流图中的功能层级用作推导、构建系统需求的框架。图6-7所示为由图6-6派生出的救护车指挥控制系统功能结构示例。图6-7还给出了由这一结构派生出的一些需求示例。

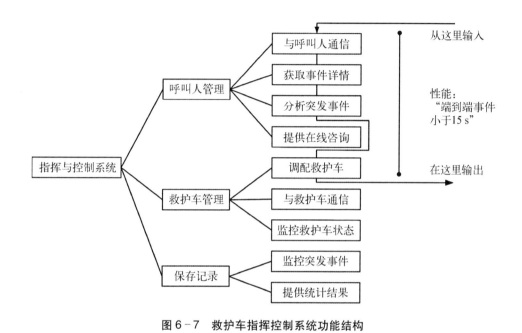

图6-7　救护车指挥控制系统功能结构

层次分级和接口为组件模型提供了一个清晰的视角，但不能清楚地体现系统中的"事务处理"，即从输入到输出的过程（或者完成某些系统行动），如图6-7所示。

因此，需要从处理事务所遵循的路径、花费的时间和吸收的资源方面观察系统中的事务处理。制作利益攸关方需求动画，看是哪些功能正在工作，以阐明主要的事务处理。但是，反映系统事务处理的另外一种方法如图6-8所示，在流图上用粗箭头注明事务处理。

DFD擅长展示结构，但是不够准确。在制订系统的完整定义方面，DFD不如文字表述准确——接口（接触面）连线可以表示任何含义，单个词语可以概括任何含义。连线和词语不能恰当地处理约束条件。

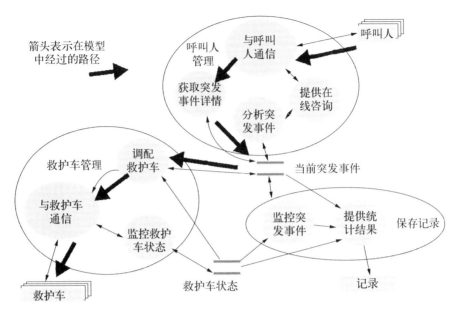

箭头表示在模型
中经过的路径

呼叫人
管理

与呼叫
人通信

呼叫人

获取突发
事件详情

提供在
线咨询

分析突
发事件

调配
救护车

当前突发事件

救护车管理

与救护车
通信

监控救护
车状态

监控突
发事件

提供统
计结果

保存记录

救护车

救护车状态

记录

图 6-8　救护车指挥和控制系统的系统事务处理

　　DFD 清楚地反映了各项功能和接口（接触面），可用于确定端到端事务处理，但不直接显示它们。在理想情况下会使用"就地扩展"法查看示意图中各分解层次工作所处的上下文环境。很少有 CASE 工具提供这种级别的便利。

　　图 6-8 实际上打破了绘制 DFD 的常规惯例，因为它不但显示了整个系统如何分解为若干过程，而且显示了必须与系统相互作用的外部机构。DFD 应注重项目实际应用，而不是执着于纯粹的概念。若要严格遵守绘制 DFD 的规则，外部结构应该只在上下文关系图中显示，在这一层次应为不可见。但是，如果不显示外部结构，同时，流向外部结构的流程不确定（这对它们来说是常规惯例），示意图的意义就会大为减弱。

　　总的来说，DFD 应具备以下功能：

　　（1）显示总体功能结构和流程。

　　（2）确定功能、流程和数据存储。

　　（3）显示功能之间的接口。

　　（4）提供系统需求的推导框架。

（5）可提供工具。

（6）广泛用于软件开发。

（7）适用于一般系统。

6.2.2 实体联系图

系统建模中信息传递非常重要，如飞行计划、系统知识和数据库记录等信息。实体联系图（ER图）提供了一个实体及其相互关系的建模方法。ER图最早由陈品山[2] 于1976年提出。目前，ER图的可选图形符号非常丰富。

实体是可以清楚识别的对象，如客户、供应方、零件或产品。性质（或属性）是指描述实体的信息。联系有基数性，可表达实体联系的性质（一对一、一对多、多对多）。子类型是另一个实体的子集，即如果X的集合被Y的集合包含，则类型X是类型Y的子类型。

ER图通过识别系统内的实体及其相互关系确定系统的部分模型。该模型与生成或使用信息所需的过程无关。因此，它是系统需求阶段所需抽象建模工作的理想工具。图6-9为救护车指挥和控制系统示例。

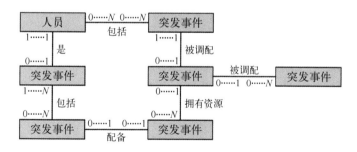

图6-9 救护车指挥和控制系统的ER图

6.2.3 状态转换图

单凭功能和数据流不足以定义需求，还要能说明系统的运转状态，在某些情况下，要假定系统的潜在"状态"数量有限，要以外部事件为信号启动状态之间的转换。

为此，需要研究系统可能存在哪些状态，以及系统如何响应这些状态下发生的事件。最常用的一种方法是使用哈雷尔（Harel）于 1987 年发表的状态图工具。

状态转换图用于描述系统的运转状态。它可以捕获单个图形中的层次结构，还可以描述并发性，因此在并行性普遍存在的实际场景中可以发挥作用。带标签的圆角方框表示状态。封装表示层次结构，带事件描述标签的有向箭头表示状态之间的转换。

状态、事件和转换描述使得状态转换图适用于对整个系统建模。

图 6-10 所示为飞机飞行的状态转换图。"地面"和"空中"是两个顶层状态，它们之间有明确的状态转换。在"空中"状态中，有三个独立的状态集合，但是在"地面"这一状态下，有"可滑行"和"跑道"两个状态。在"可滑

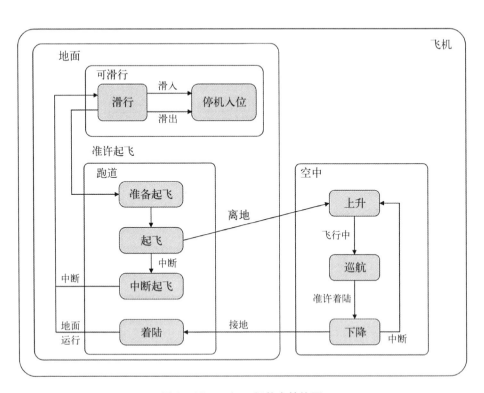

图 6-10　飞机飞行状态转换图

行"状态中，还有"滑行"和"停机入位"状态。

当飞机主机轮离开地面时，进入"空中"状态；当主机轮接触地面时，进入"地面"状态。可以进一步细化这些状态的层次结构。

6.3　建模方法

建模方法比建模过程更加规范——它告诉我们要做什么以及按照什么顺序来做。从自然语言到图形，再到形式数学，这些方法使用了多种表述形式。这些方法指出在什么时候、什么情况下使用此类表述形式。使用图形表现的方法通常称为"结构法"，使用面向对象的方法称为"面向对象法"，使用数学的方法称为"形式化方法"。

使用这些方法的目的是采集信息。通过定义图形所表示的一系列概念以及绘图所遵循的符号学规则有助于信息采集。

6.3.1　视点法

需求工程中，一个基于视点的方法认为不应该从单一角度考虑需求。该方法有一个前提，即应该根据多个不同的视点收集需求，并真正地把它们有序组织起来。主要有两类不同的视点：

（1）与利益攸关方有关的视点。

（2）与组织信息和领域知识有关的视点。

在需求工程中，利益攸关方的角色很好理解，但是与组织信息和领域知识有关的视点可能涉及安全、营销、数据库系统、规定、标准等问题。此类视点并非与具体利益攸关方有关，而是包括各种来源的信息。

下面以多视点为基础思考三种不同的方法。

1. 受控的需求表达（CORE）

CORE 最初根据英国国防部的需求分析而开发。该项工作有一个重要发现，即一般方法在开始评估潜在的问题解决方案之前，通常是先定义该方案的上下文环境，而不是先确定问题本身。CORE 则是先确定问题本身。图 6 - 11 所示为 CORE 中使用的概念和表述。

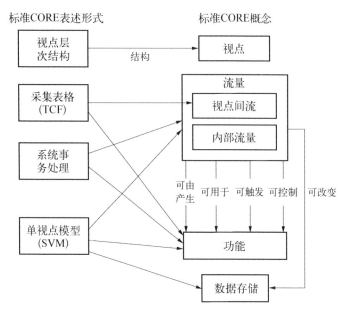

图 6 - 11　CORE 中使用的概念和表述

CORE 的核心概念是视点和相关表述形式，称之为视点层。视点可以是对拟开发系统有见解的人员、角色或组织（这一概念已被 Darke 和 Shanks 于 1997 年作为用户视点分析的基础概念）。用于系统需求时，视点还可以表示拟开发系统及其子系统，以及系统环境中可以影响系统行为的系统。以层的形式为视点分析过程提供范围和指导。

以飞机刹车和控制系统（ABCS）为例，图 6 - 12 所示为头脑风暴后得到的初步视点列表。

列一份潜在视点清单，把相关候选对象分组，将视点整理分层。围绕相关集合反复绘制边界，直至所有候选对象都包含进来，并产生一个层次结构。

图 6 - 13 所示为飞机刹车控制系统的部分层次结构。

在 CORE 中，各视点要执行的行动是确定的。每项行动会使用或产生与待定

图 6-12 ABCS 的原初视点

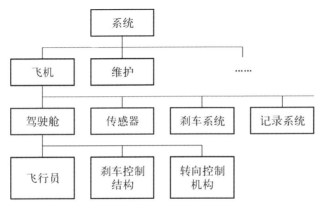

图 6-13 飞机刹车控制系统层次结构示例

系统有关的信息或其他事项（如商品）。分析产生的信息使用收集表（TCF）记录，如表 6-1 所示。

表 6-1 收 集 表

来 源	输 入	行 动	输 出	目 的 地
输入来源的视点	输入项目名	在一个或多个输入上执行行动，以生成所需的输出	行动生成的输出名	输出发送到该视点

在两个相邻的列间连线，表示所发生的流动。

采用这种方式对每个视点进行分析之后，整体检查各视点层的 TCF，确保每个视点预期的、由源视点生成的输入均标注为目的地，确保视点预期的、由行动生成的输出均标注为目的地。

回到飞机刹车控制系统这个例子中来，图 6-14 所示为系统的部分 TCF。

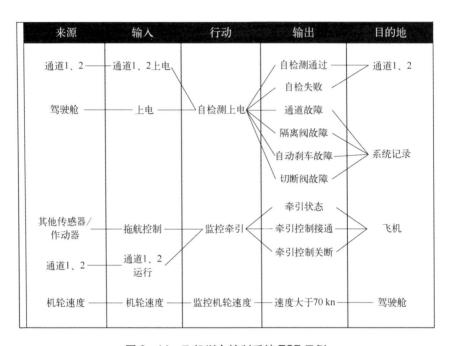

图 6-14　飞机刹车控制系统 TCF 示例

进一步的分析包括依次为各视点开发更详细的数据流模型。这些单视点模型（SVM）的起点是 TCF 中记录的信息。SVM 增加了一些流程，全在视点和数据存储区范围内。SVM 还规定了如何通过其他行动流控制和触发行动。

这样就可以自上而下分析视点层的每个层次。采用自上而下分析，很难确定什么时候停止分析，也很难预测分析的走向。先确定视点，再利用视点控制后续分析，该方法提供了一种可控的、自上而下的分析方法。该方法克服了基于数据流分析的主要问题。CORE（受控的需求表达）中提到过这一控制要素。

CORE 的另一个主要概念是系统事务处理。这是一项或多项输入、数据流和事件通过系统流向一项或多项具体输出流或事件的路径。系统事务处理解决将要如何操作系统的问题。它们提供了一种与自上而下分析正交的观点。系统事务处理为论述非功能需求提供了充分依据。

2. 结构化分析设计技术（SADT）

SADT 是一种结构化分析方法，以 20 世纪 70 年代 Ross[3] 关于结构化分析的研究为基础。它以图形为导向，采用纯层次方法解决问题，对一系列蓝图进行模块化和细化，直到完成一个解决方案。SADT 的基本元素是代表活动（活动图中）或数据（数据图中）的方框。各个方框以箭头相连，不仅表示方框代表活动所需数据或所提供数据（活动图中），还表示提供或使用数据的过程（数据图中）。

与方框有关的箭头有四种基本类型，如图 6-15 所示。箭头类型通过它与方框的连接点进行判断。

（1）输入箭头从左侧进入方框，表示方框所代表活动的可用数据。

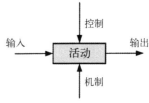

图 6-15　SADT 方框和箭头

（2）输出箭头从右侧离开边框，表示方框所代表活动产生的数据，即输入数据经过方框所代表的活动转化之后产生该输出。

（3）控制箭头从顶部进入方框，控制转化活动的发生方式。

（4）机制箭头从底部进入方框，控制活动使用外部机制的方式，如特定算法或资源。

SADT 图由多个方框和一组相关箭头组成。通过对每个方框进行分析并生成层次结构图细化问题，如图 6-16 所示。

图 6-17 所示为飞机刹车控制系统 SADT 活动图示例。分解过程会一直持续，直到有足够多的细节让设计继续下去。

3. 面向视点的需求定义（VORD）

VORD 法是一个基于视点的方法[4]。它使用一种面向服务的模型，如果把它想象成一个客户端-服务器系统，那么视点就是客户端。

131

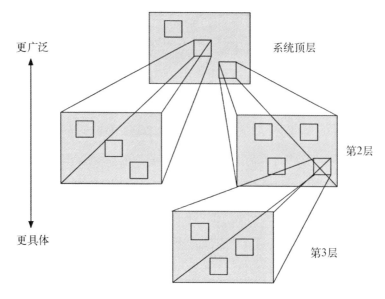

图 6-16 使用 SADT 图分解

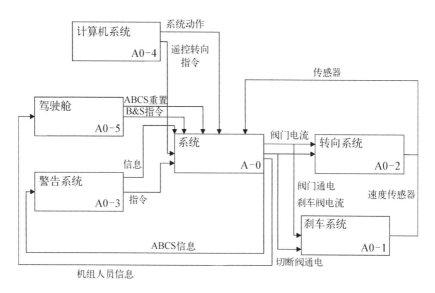

图 6-17 飞机刹车控制系统 SADT 活动图示例

一个 VORD 中的视点会接收来自系统的服务，并向系统传达控制信息。面向服务的方法使 VORD 很适合指定交互系统。

VORD 中的视点有两种类型——直接视点和间接视点。直接视点接收来自系统的服务，并向系统发送控制信息和数据。间接视点不直接与系统相互作用，但是对系统提供的部分或全部服务"有兴趣"。

间接视点有很多不同的形式，如与系统工程师从事的工作有关的工程视点、与系统环境有关的外部视点、与安全性有关的组织视点。

VORD 中有三个主要迭代步骤：

（1）视点确定和结构化。

（2）视点文档编制。

（3）视点需求分析和说明。

视点的图形符号如图 6-18 所示。矩形代表视点，其中包含视点标识符、标签和类型。与矩形左侧向下延长的垂直线相连的标签代表视点属性。

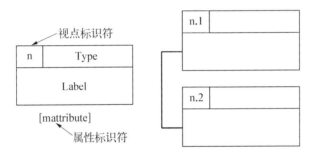

图 6-18　视点符号

VORD 法可指导系统工程师识别确定视点。它提供多个抽象视点，可作为确定视点的起点，如图 6-19 所示（按照 VORD 图的惯例，未填充底纹的矩形代表直接视点，填充灰色底纹的视点代表间接视点）。然后，精简层次结构，消除与具体问题无关的视点类型。接着确定系统利益攸关方、代表其他系统的视点和系统操作员。最后，对于已经确定的各间接视点，要考虑与之有关的人员。

基于这一方法，图 6-20 给出了凭票泊车停车场系统的视点。

"现金用户"和"信用卡用户"视点是"停车场客户"视点的特化。"收银员"和"停车场管理员"视点是"停车场工作人员"视点的特化。"出票"视点

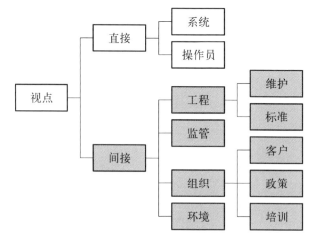

图 6-19 视点种类

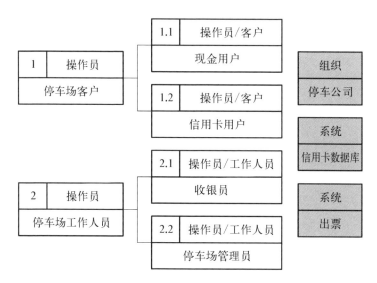

图 6-20 凭票泊车停车场系统的视点

表示负责凭票泊车出票组织的数据库。"信用卡数据库"视点为外部数据库，存有客户信用卡详情。

VORD 的下一步骤是记录各项视点需求。表 6-2 提供了记录的实现方法，给出"停车场客户"视点的初步视点需求。需求类型是指服务需求（sv）或非功能性需求（nf）。

表 6 - 2   "停车场客户"视点的需求

视 点			需 求	
标识符	标签		描 述	类型
1	客户	1.1	提供可根据付款金额和停车时间出票的设备	sv
1.1	信用卡用户	1.1.1	提供可根据有效信用卡出票的设备	sv
		1.1.2	为客户提供出票服务	sv
		1.1.3	出票服务的请求响应率应为 99%	nf
		1.1.4	出票服务的响应时间不应超过 30 s	nf
1.2	现金用户			

VORD 还可以提供在问题域中赋予视点特征的视点属性。因为这些属性提供了系统操作数据，所以它们非常重要。正如前文所述，这些属性使用视点图上的标签表示，这些标签与矩形左侧下方引出的垂直线相连，如图 6 - 21 所示。

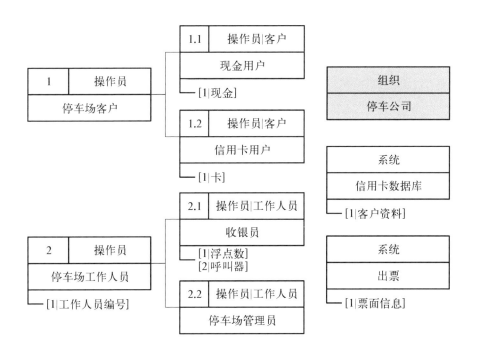

图 6 - 21   视点属性的表示方法

使用事件场景对系统行为建模。这些场景描述了系统与环境的交互方式，提供了一种描述视点与系统之间复杂交互作用的方法。

VORD 的最后一个步骤是根据行业标准将需求分析过程的结果转化为需求文档。

6.3.2 形式化方法

形式化方法以数学为基础，提供一种更加严谨的表述，可对规范的一致性和实现的正确性进行数学证明；可进行严格检查，以消除某些类型错误。这对某些类型的系统非常有必要，如核电站、武器和飞机控制系统。

Z 规范[5]、维也纳定义语言（VDM）、时间排序规范语言（LOTOS）[6] 和 B 方法[7] 是对功能正式定义时最常用的形式化方法。LOTOS、VDM 和 Z 规范都是符合 ISO 标准的形式化方法。B 方法和 LOTOS 可执行，B 方法可以细化成代码。

形式化方法尤其适合一些有潜在危险的系统，即系统中可能存在可导致灾难性的财务损失、人员伤害的风险，有理由花费成本来应用数学的严谨方法。

形式化方法逐渐变得越来越重要。如果可以扩大应用范围，解决更广泛的系统问题，这些方法会更加有用。

Z 规范是以"一阶谓词逻辑"和"集合论"为基础的形式化规范符号。这些符号可以将数据表示为集合、映射、元组、关系、顺序和笛卡儿积，还可以使用函数和运算符号处理这类数据。

Z 规范用一种方便阅读的框形小符号表示，称为 schema。schema 在形式上分为签名部分和谓词部分。签名部分是一列变量声明，而谓词部分是单个谓词。命名一个 schema，在名称和 schema 之间形成句法（符号）等值，如图 6-22 所示。

Z 规范是一个 schema 集合，在这个集合中 schema 引出一些规范实体并规定实体之间的关系。它们提供了以增量方式开发、呈现规范所依据的框架。

图 6-23 所示为图书馆"问题"操作的 Z 规范，在名为"图书馆"的

Library = = [shelved:P Book:readers:P Reader:
　　　　　　stock:P Book: issued:P Book]

```
┌─ Issue ──────────────────────────────────
│
│ Δ Library
│ b? : Book
│ r? : Reader
├──────────────────────────────────────────
│ b? ∈ shelved; r? ∈ readers
│ issued′ = issued ⊕ {b? - r?}
│ shelved′ = shelved\{b?}
│ stock′ = stock: readers′ = readers
└──────────────────────────────────────────
```

```
┌─ SchemaName ──────────────────
│
│  Variable declarations
│
├───────────────────────────────
│
│
│  Predicates
│
└───────────────────────────────
```

图 6‑22　Z schema　　　　　图 6‑23　图书馆"问题"操作的 Z 规范

schema 中规定整个图书馆系统的一般行为。图书馆这个符号 Δ 称为德尔塔 schema，表示引起图书馆状态变化的"问题"操作。

图 6‑23 中的 schema 用于区分输入和输出以及前后状态。这些操作由以下符号表示："?"表示向操作输入的变量；"!"表示向操作输出的变量。

操作后的状态用符号"′"表示，如存书′，用来与操作前的状态进行区分。

6.4　建模和检验验证

单纯认为建模是系统设计开发的辅助工具是一种错误。模型可以将系统检验验证形式化。

熟悉软件测试的人对于代码覆盖率这个概念都不陌生：代码的每个分支至少包含一项测试。由于代码是形式化结构，适合覆盖率分析和测量。

和代码一样，模型也是形式化结构，因此覆盖率的概念同样适用。例如，给定一个数据流图，可以推导出覆盖整个模型每条"路径"的一系列系统测试。事实上，正确的工具甚至可以单独依赖模型提出测试场景建议。

该方法将模型所在每个阶段的检验验证过程形式化。实际上，有些例子表明建模仅仅是为了传递检验验证信息，例如，复杂互操作模型的 UML 模型用于生成一致性测试用例。

6.5　总结

本章探讨了系统建模问题，特别是与问题解决域有关的系统建模问题。本章介绍了一系列技术和方法，有些经过时间检验验证，有些是最近才开发出来，所有的都是业内广泛使用的技术和方法。本章的内容为后面几章关于利益攸关方和系统需求建模的论述做了铺垫。

参考文献

［1］ HOOD C, WIEDEMANN S, FICHTINGER S, et al. Requirements management：the interface between requirements development and all other systems engineering processes ［M］. Berlin：Springer, 2007.

［2］ Chen P P-S. The entity-relationship model — toward a unified view of data ［J］. ACM transactions on database systems（TODS）, 1976, 1（1）：9－36.

［3］ ROSS D T. Structured analysis（SA）：a language for communicating ideas ［J］. IEEE Transactions on Software Engineering, 1977, SE-3（1）：16－34.

［4］ KOTONYA G , SOMMERVILLE I. Requirements engineering with viewpoints ［J］. Software Engineering Journal, 1996, 11（1）：5－18.

［5］ SPIVEY J M. The Z notation：a reference manual ［M］. Hemel Hempstead：Prentice Hall International（UK）Ltd, 1992.

［6］ BOLOGNESI T, BRINKSMA E. Introduction to the ISO specification language LOTOS ［J］. Computer Networks and ISDN systems, 1987, 14（1）：25－59.

［7］ ABRIAL J-R. The B-book：assigning programs to meanings ［M］. New York：Cambridge University Press, 1996.

第7章　功能分析

7.1　功能的概述

　　系统工程领域内的产品开发过程主要是围绕产品的功能和需求开展的。因此，产品开发过程也是对产品预期功能定义和分解、功能实现和验证的过程。根据 SAE ARP4754A 标准，功能是基于一系列定义好的需求的产品预期行为，与具体实现方式无关。功能规定了为完成预期任务飞机/系统/设备要做什么（What），而非怎么做（How）。飞机作为复杂的系统工程，全生命周期内的利益攸关方众多，要实现的预期任务和功能十分复杂。根据美国联邦航空管理局（Federal Aviation Administration，FAA）的《系统工程手册》，各层级的功能分析过程会生成功能架构，进而开发功能性需求和功能接口需求，高层级的功能架构和需求是低层级功能架构的输入，如图 7-1 所示。飞机级功能的识别是基于产品的运行任务和利益攸关方要求、航线要求，完整的飞机级功能清单应涵盖整个产品的运行任务和客户需要。飞机级功能经过层层分解和细化，分配至全机各系统，从而形成系统级功能。系统级功能通过架构开发和权衡，分解细化为设备级功能，最终传递至供应商。

　　功能架构由纵向功能分解和同层级功能横向接口关系构成，图 7-2 所示为典型民用飞机的整机功能架构，确立了"飞机级-系统级-子系统"功能的纵向分解分配，明确了同层级功能之间的横向交互关系。

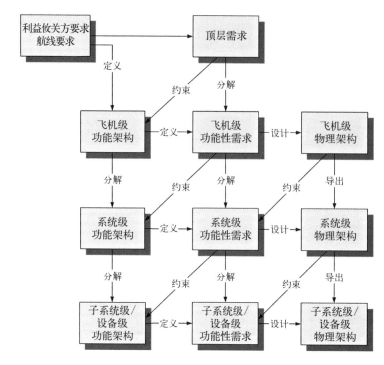

图 7-1 各层级功能/需求/架构的关联图

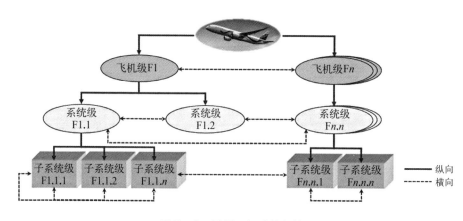

图 7-2 民用飞机功能架构

7.2 功能分析过程

功能分析的目的在于描述飞机的功能特性，包括自上而下地对飞机预期功能的识别和定义，通过功能分解建立飞机的功能架构，从而指导飞机系统的物理实现。功能分析过程主要包括功能识别、功能重组和功能分配。

7.2.1　功能识别

通过分析上层级功能及分配关系、结合利益攸关方交互和需要，穷举所有功能，形成覆盖上层级功能和其他利益攸关方需要的初步功能清单。欧洲标准 EN 12973：2020《价值管理》将产品功能分为"外部功能"和"内部功能"，其中外部功能（又称为用户类功能）是为了满足特定的客户需要，内部功能（又称为产品类功能）是为了实现外部功能。相比于需要或方案，功能的表述方式应更加抽象，以便为探索新的解决方案提供更大的自由空间。功能表达方法主要有两类："动名词对"和"输入/输出"转化。"动名词对"是一种基于句法的语言表示法，由一组动词和名词组成，如"降低转速""传递力矩"。其中，动词表示操作，名词表示被操作的对象（即操作的客体）。操作的主体默认为待设计的产品。这种表达方式起源于价值工程，用于分析产品各组成结构的作用和价值。虽然动名词对表示法符合人类的口语表达、易于理解；然而，由于缺乏结构化的功能表示（仅仅采用文本描述功能），容易产生歧义，难以被计算机理解，因而难以成为统一的通用功能表示方法。功能识别常用方法包括头脑风暴法、外部环境交互分析法。

1. 头脑风暴法

即组织相关领域技术人员，依靠工程人员的技术经验，识别所有可能的功能。常用于现有、成熟的系统设计，主要步骤如下。

（1）通过分析现有产品或类似产品的功能，识别现有功能。

（2）通过利益攸关方需要分析，挖掘预期的额外功能。

（3）检查现有功能和预期功能，分析这些功能的好处和必要性。

（4）补充必要的未来功能，创造性提出有利于提高产品竞争力的新功能。

2. 外部环境交互分析法

通过分析系统在全生命周期各阶段的外部环境、识别利益攸关方和外部交互关系来定义功能,主要步骤如下。

(1)按照产品全生命周期各阶段,识别相关的利益攸关方。

(2)分析利益攸关方的需要和期望。

(3)识别各利益攸关方之间通过系统传递的交互信息,通过分析系统在交互过程中的行为得到相应的功能。一般先分析主要利益攸关方之间通过系统传递的交互信息,识别大部分的功能;然后,分析与所有利益攸关方交互关系,进而识别完整的功能。

图7-3给出了针对行李架开展外部环境交互分析法的功能分析图示,识别了运行阶段的利益攸关方包括旅客、行李、飞机结构等,通过分析上述利益攸关方的需要和期望,以及与行李架的交互关系,初步识别的功能如下。

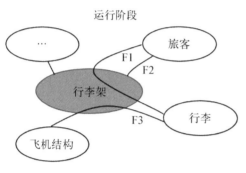

图7-3 外部环境交互分析法图示

(1)F1:允许旅客存储行李。

(2)F2:保护旅客安全。

(3)F3:保持行李位置。

7.2.2 功能重组

功能重组是通过分析已定义功能的相互关系,对彼此冗余或重叠的功能进行优化和整合,对颗粒度较粗的功能定义进行分解,从而形成结构完整、逻辑清晰的功能清单。功能清单的形式主要包括功能表、功能树、功能模型等。随着要解决的任务的复杂程度不同,所呈现的总功能也有不同的复杂程度。所谓复杂程度,指的是这种关系中输入和输出间的关系可以看清楚到什么程度,所需要的物理过程有多少层次,以及预期中的部件和零件的数目有多大。所谓功能分解,就是将复杂功能分解为若干可辨识的子功能,这些子功能实际上分别对应于总设计任务下的若干子任务。功能重组常用方法包括功能分析系统技术(function analysis system technique，FAST）、结构分析法、功能树等。

1. FAST

以上层功能为牵引，采用 How‑Why 的逻辑方式逐层分解和细化功能，并对功能主次关系进行排序。如图 7‑4 所示，从左向右通过思考"怎样做（How）"分析可以实现上层功能的下层功能，从右向左通过思考"为什么（Why）"确定下层功能可以满足的上层功能，基于关键路径上的功能识别同时工作的其他功能。图 7‑5 以"地面控制飞机"功能为例，利用 How‑Why 的逻辑分析方式，从左向右将"地面控制飞机"功能逐层分解和细化，从右向左通过分析子功能对上层功能的符合性确定子功能的正确性和完整性。

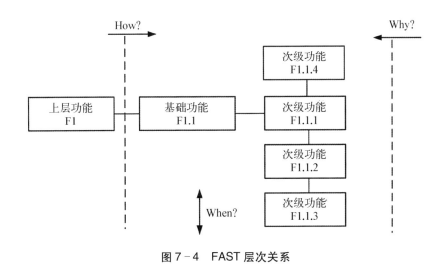

图 7‑4　FAST 层次关系

2. 结构分析法

结构分析法通常用在功能架构设计中，用于分析功能的能量、信息流等。通过模型化的方式定义和表达功能的内在逻辑，分析各环节的输入和输出，常用的结构分析法包括功能流框图（functional flow block dagram，FFBD）和功能建模集成定义（integrated definition，IDEF0）。

1）功能流框图（FFBD）

功能流框图（FFBD）又称为功能流图，是一种分层的系统功能流程图，其

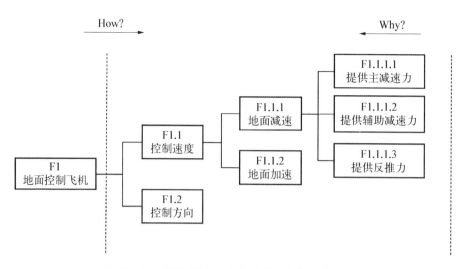

图 7‑5 "地面控制飞机"功能 FAST 分析图示

中定义了系统功能,并描述了功能事件发生的顺序,用于表达不同子功能之间的逻辑关系。功能流框图的基本模型如图 7‑6 所示,可知,功能由模块表示,箭头表示各功能之间的输入、输出以及关联关系。图 7‑7 给出了功能流框图表达的一个示例,可以看出,功能流框图由不同的功能模块组成,每个模块分别代表一项需要明确完成的离散行动。功能架构则是由一系列层次化的框图组合而成,展示了功能分解过程即功能之间的逻辑和顺序关系。其中,功能模块采用统一的编号标识。通过编号建立整个框图的关系,有利于从底层到顶层的追溯分析。顶层框图的每个模块可以扩展为第二层框图的功能序列,以此类推,连接功能的线段表示功能流,而非时间推进或即时活动。框图通常按功能流从左向右展开,每个框图同时显示输入和输出。

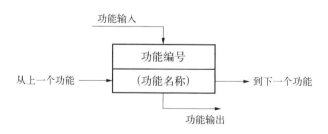

图 7‑6 功能流框图的基本模型

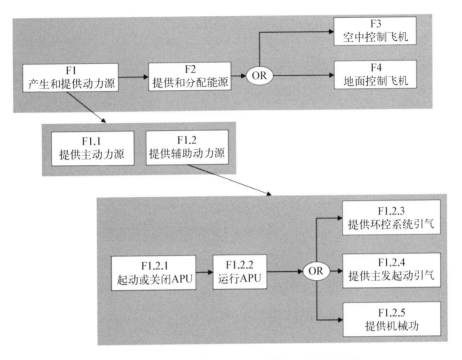

图 7 - 7　多层级功能流框图（FFBD）的表达示例

2）功能建模集成定义（IDEF0）

功能建模集成定义（IDEF0）以图形化、层次化的方式直观表达功能信息，用于功能自顶向下分解。IDEF0 模型的基本要素包括功能活动框、输入、输出、控制和机制，IDEF0 中的每个活动框表示一个功能单元，这些功能单元之间通过箭头相互关联，共同表达系统功能。如图 7 - 8 所示，功能活动框由模块框图表示，活动框的左侧为驱动功能运行的信息或物质，右侧为功能运行的输出信息或物质，上方为控制功能的条件或约束，下方为实现功能的机制。输入是指完成某项功能所需的信息；输出是指执行功能所产生的信号；控制是指外部的控制条件或环境；机制表明功能由什么来完成。以"收放起落架"功能为例，图 7 - 9 给出了基于 IDEF0 模型的功能架构图。

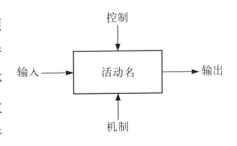

图 7 - 8　IDEF0 模型表示

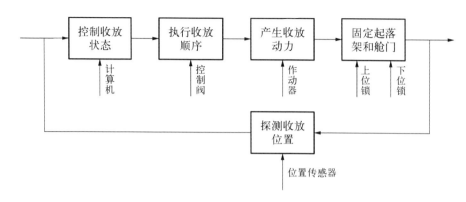

图 7-9　基于 IDEF0 模型的"收放起落架"功能架构图示

3. 功能树

功能树是功能组织的简单方法，采用树状结构显式表达功能自顶向下层层细化的结构。将顶层功能放在第一层，分解的功能放在后续层。功能应分解到合适的层次和颗粒度，便于开展架构设计和功能危险性评估工作，确保同一层级功能的完整性、协调性，避免功能之间的重叠和交叉。图 7-10 所示为典型的飞机级功能树，飞机级功能采用逐层分解和细化的方式，一般可分为四层，由基础功能、主要功能、功能和子功能四个功能级别组成，其中最后一层功能可分配至各机载系统。

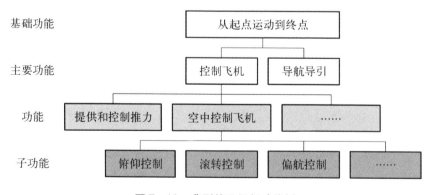

图 7-10　典型的飞机级功能树

7.2.3 功能分配

功能分配基于功能逻辑分析，明确功能实现的内在逻辑和主要的子功能，综合考虑以往经验和产品结构，将功能逻辑分析中的子功能落到相应的系统/子系统/设备，功能分配矩阵如表7-1和表7-2所示。在功能分配中，一般存在以下两种角色。

（1）R：Responsibility（责任），功能责任方，是实现功能的责任主体。

（2）S：Support（支持），功能支持方，为功能的实现提供必要的支持。

表7-1 飞机级功能分配矩阵

飞机级功能		系 统			
功能编号	飞机级功能	ATA27	ATA32	ATA29	ATA24
XXXX	控制方向	R	R	R	S

表7-2 系统级功能分配矩阵

系统级功能		子 系 统	
功能编号	系统级功能	ATA32-50	ATA32-30
XXXX-XX	提供机轮转弯	R	S

7.3 功能价值分析

功能开发的原始动力是为了满足客户需要，在功能开发前首先要分析功能价值。按照欧洲标准 EN 12973：2020《价值管理》，功能价值是功能重要度与功能开发成本的比值。功能价值分析主要包括两个环节，一是功能重要度排序，二是功能建模集成定义。

1. 功能重要度排序

将不同功能按照重要度进行排序。衡量该权重的最好方法是直接询问客户或其他利益攸关方，通过组织不同利益攸关方进行打分，最后完成综合排序，主要有以下两种方法。

1）绝对标记

绝对标记是给每个功能给一个标记（如 1~10），如果该工作由不同人员完成，将其求和，并将其转为百分比。

2）相对标记

相对标记是将所有在同一级的功能两两比较，并且将差距的顺序做出标记：对于重要程度相当、无差距的，标记为 0；对于稍微重要些的，标记为 1；对于一般重要的，标记为 2；对于重要程度差别非常大的，标记为 3，如图 7-11 所示。

	F2	F3	F4	F5	F6	F7	Total	%
F1	F2 1	F1 1	F1 3	F5 3	F6 3	F1 2	6	12
	F2	F3 3	F2 3	F2 1	F2 2	F7 1	7	14
		F3	F4 3	F5 3	F6 3	F7 1	3	6
			F4	F5 3	F6 3	F4 2	5	10
				F5	F6 3	F5 3	12	24
					F6	F6 3	15	30
						F7	2	4

图 7-11　相对标记法示例

2. 功能成本计算

在面向成本的设计中，将对每个功能分配成本。该过程的目标是根据每项功能所采用的系统/组件，得出每项功能的成本。计算"成本/功能矩阵"，将使一些功能能够凸显出来，如表 7-3 所示，可分为如下几步完成。

（1）确定每个组件对每项功能的贡献度。

（2）计算每项组件的成本。

（3）计算每项功能的总成本和占比。

（4）检查每项功能的总成本是否等于组件的总成本。

表 7-3　功能成本分配

组　件　成　本	F1		F2		F3	
	贡献度/%	成本	贡献度/%	成本	贡献度/%	成本
组件 1						
组件 2						
组件 3						

3. 功能价值评估

通过对比功能重要度和成本的比值，可以对功能的价值进行评估，以避免设计错误。

第8章　逻辑架构分析

8.1　逻辑架构的定义

逻辑架构设计是系统架构设计的一部分，包括将系统分解为交互的逻辑组件以满足系统需求，以及创建逻辑场景以描述逻辑组件如何交互以实现系统块的每个操作（如功能），其中逻辑组件是执行系统功能而不施加实施约束的物理组件的抽象。逻辑架构显示了系统的逻辑组件及其相互关系，并充当黑盒系统需求和物理体系结构之间的中间抽象层，可以帮助设计团队管理需求和技术变更所带来的影响。

逻辑架构规定了系统由哪些子系统组成，以及这些子系统之间的关系。它是将系统分解为相互作用以满足系统需求的逻辑组件。逻辑架构表示功能和物理架构之间的中间抽象。逻辑架构的组件表示物理解决方案的抽象。例如，考虑由两个不同的供应商交付的两台柴油发电机组，这些单元具有许多不同的物理特性（如一个是涡轮增压的，一个不是），但是它们具有许多共同的特性（如功率输出和重量），并且它们执行一组共同的功能（如产生电能）。因此，逻辑系统的组件定义了一系列物理设计替代方案所共有的功能、属性和接口。最重要的是，逻辑架构在很大程度上不依赖于技术或供应商，并提供了一个合理稳定的基线，可以从中得出并发展物理架构。

以航天器电源子系统为例[1]，包括太阳能面板、动力开关、动力调节器、电池等子系统，它们之间的关系如图8-1所示。

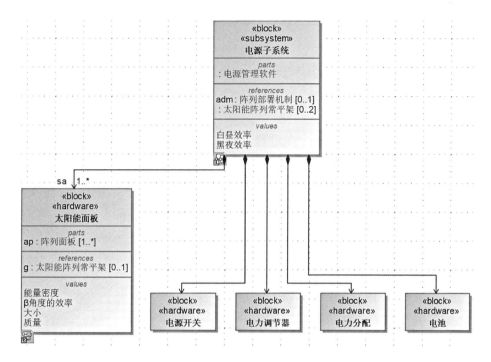

图 8-1 航天器电源子系统

系统功能需要分配到逻辑组件，在基于模型的系统工程中有多种方式可以实现功能到组件的分配，如泳道图、分配矩阵等。图 8-2 所示为通过分配矩阵将系统功能分配到逻辑组件的示例。

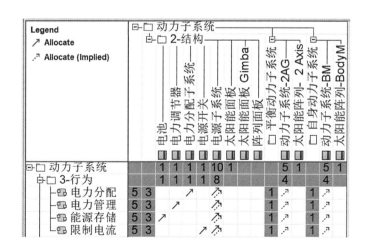

图 8-2 系统功能到逻辑组件的分配关系

8.2 逻辑架构分析的意义

定义逻辑架构是将系统分解并划分成彼此交互作用以满足系统需求的诸多逻辑组件。这些逻辑组件用于执行系统的功能。定义逻辑架构可以缓解需求变更对系统设计的影响，并有助于管理技术变更。采用面向对象的系统工程方法（object-oriented systems engineering method，OOSEM）为系统分解逻辑组件提供指南。逻辑场景保存系统黑盒与其环境的交互。此外，逻辑组件的功能和数据可以基于划分准则进行重新划分，划分准则包括聚合性、耦合性、面向变更的设计、可靠性、性能及其他因素。

8.2.1 功能分析优化

1）功能架构模型

功能架构模型是一组功能及其子功能，它们定义由系统执行的转换以完成其任务[2]。典型的功能架构模型如图8-3所示。

在系统架构的上下文中，功能和输入/输出流是架构实体。功能涉及数据、材料和/或能量。这些输入和输出是功能之间交换的流项目。功能的一般数学符号为 $y = f(x, t)$，其中，y 和 x 是可以用图形表示的向量，t 表示时间。

为了定义系统的完整功能集，必须确定系统所需的所有功能及其派生需求，以及这些功能的相应输入和输出。一般来说，有以下两种功能。

（1）从功能需求和接口需求推导得到，表示满足系统需求所需的系统预期服务。

（2）从物理架构模型的替代解决方案衍生和发布的功能。

2）功能的层次结构/分解

在层次结构的顶层，可以将系统表示为唯一的功能（定义为系统的任务），该功能在许多方面类似于"黑匣子"。为了详细了解系统的功能，将此"层次结构"（F0）分解为多个子功能（F1，F2，F3，F4），这些子功能组成了层次结构

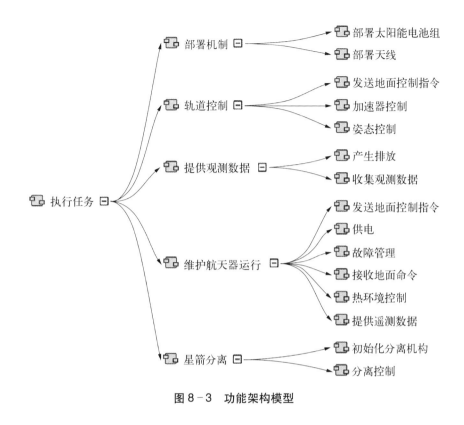

图 8-3 功能架构模型

的子级别，以此类推。功能层次结构的最后一级的功能可以称为叶子功能。层次结构（或分解）将复杂或全局功能分解为一组功能，对于这些功能，物理解决方案是已知的、可行的或可以想象的。

功能层次结构视图代表一个静态的功能视图，根据所使用的合成方法，它将在多次迭代中填充在不同的级别上，如图 8-4 所示。一般来说，功能层次结构视图不是由单个自顶向下的分解创建的。静态功能层次结构本身并不表示输入和输出流的交换效率，因此可能需要与其他模型一起查看。

3）行为架构模型

行为架构模型是功能及其子功能以及接口（输入和输出）的一种排列，它定义了执行顺序、控制或数据流的条件以及满足系统需求所需的性能水平。

行为架构模型可以描述为一组相互关联的功能和/或操作模式场景。

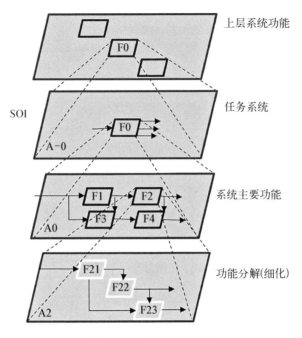

图 8-4　功能分解示意图

（1）控制（触发器）。控制流是激活功能作为执行条件的元素。该元素的状态或它所代表的条件会激活或停用该功能（或其元素）。控制流可以是信号或事件，如将开关移动到打开位置、警报、触发器、温度变化或键盘上的按键操作。

（2）功能场景。场景由一系列功能组成，这些功能按顺序执行并通过一组控制流进行同步，以实现从输入到输出的全局转换，如图 8-5 所示。功能场景表示上层功能的动态。在表示功能场景和行为架构模型时，适合使用图作为建模技术，如功能流程图或如图 8-5 所示的由 SysML 开发的活动图。

（3）运行模式。通过将输入转换为每个功能的输出，并关注功能及其控件的活动或非活动状态，可以查看功能场景。从一种模式到另一种模式的转换是通过控制流（事件/触发）的到达触发的。在事件或触发到达后，可以在两种模式之间的转换中生成动作（功能），如图 8-6 所示。

（4）行为模式。在定义场景或行为架构模型时，架构师可能会选择识别并使

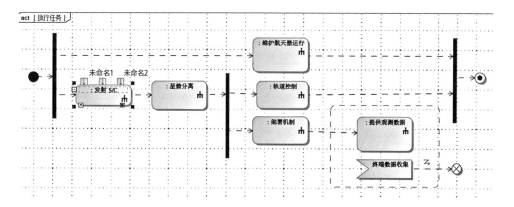

图 8-5　功能场景示意

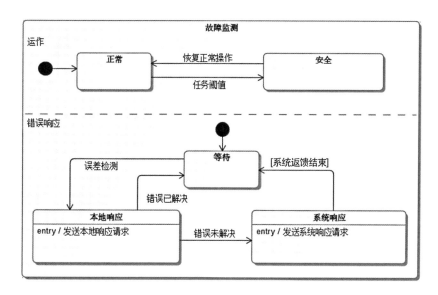

图 8-6　运行模式示意

用已知模型以表示预期的变换和行为（见图 8-7）。

模式可以用不同的符号表示。行为模式分为几类，常见的模式如下。

① 基本模式或构造链接功能，如序列、迭代、选择、并发、多个出口、带有出口的循环和复制。

② 复杂的模式，如监视处理、消息交换、人机界面、模式监视、实时监控处理、队列管理以及持续监视。

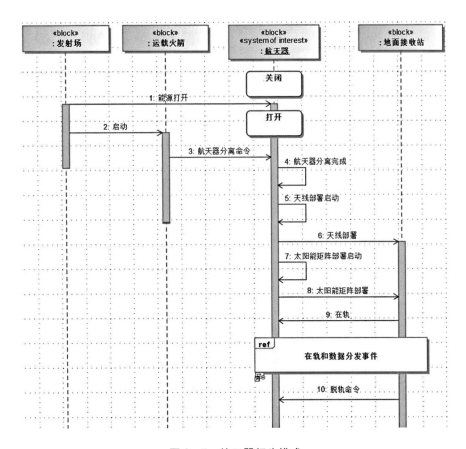

图 8-7　航天器行为模式

③ 故障检测、识别和恢复模式，如被动冗余、主动冗余、半主动冗余以及性能降低的处理。

4）时间架构模型

时间架构模型是基于执行频率所得出的系统功能的分类，包括同步和异步两种功能定义方式。

时间和决策层次结构概念——系统的每个功能都不是在不同的频率下执行的。频率的变化取决于时间以及功能开始和执行的方式（如有循环执行的同步功能和在事件或触发器发生后执行的异步功能）。

5）功能优化

复杂产品的架构或系统设计通常是从对系统的初始需求分析开始的。对产品的各种架构的分析，导致需要选择一种满足所有初始需求的合适架构。基于模型的系统工程（MBSE）是分析和检查需求的强大方法之一，其核心是系统模型，可用于在产品开发的早期阶段分析整个产品架构，并可基于仿真验证需求。高级模型可以是基于统计数据的近似值，也可以是基于物理方程式的一维模型。

开发人员可以通过使用指定的平台获得一些好处——重复使用设计知识、支持决策过程以及缩短产品上市时间。这些平台，如 pSeven（pSeven 2019）、Optimus（Optimus 2019）、HEEDS（HEEDS 2019）等，是可以作用于不同的多学科数值模型以及解决不同行业问题的集成平台。它们提供了各种优化方法、数据分析和决策支持手段。通过使用这些平台，研究人员或工程师无须执行任何编码或脚本即可将结果或计算核心集成到已开发的内部框架中。

开发人员以目标和高层需求为起点，根据统计数据和解析近似值创建高级模型。高级模型，基于 Matlab 的脚本开发，在 MagicDraw 中使用集成。优化技术的第一个应用直接应用于高级模型。原始需求与 MagicDraw 中的 Matlab 高级模型之间的联系如图 8-8 所示。

开发人员对高级模型进行优化，找到满足初始需求的允许输入参数的范围，然后找到满足任务目标的输入参数的初始值。在高级优化阶段之后，将执行经过优化的功能模型。功能模型基于 1D 物理方程式开发，用于模拟复杂系统的功能[3]。

通常在系统功能模型中有很多技术参数，如初始速度、电池容量、升力/阻力系数和面积等。一些参数（特别是空气动力学特性或质量）的值是通过计算流体动力学（computational fluid dynamics，CFD）分析或通过 Siemens NX 中的 CAD 模型确定的，三维数值模型将包含在功能模型中。准备好功能模型后，将对特定任务进行精确的优化。该优化不仅可以包括功能，而且可以包括详细级别的数值模型。因此，在完成功能级别的优化后，将计算出特定任务的全部技术参数的数值，并将继续更详细地介绍整个结构的开发过程。产品开发的下一阶段涉及原型制作。在此阶段，将进行数值模型和生产的原型之间的验证。将优化应用于产品开发的整个过程，如图 8-9 所示。

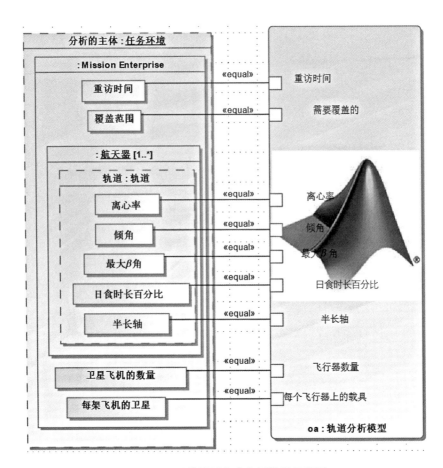

图 8-8　系统模型集成分析模型示意图

系统功能优化扩展了针对特定任务的可行解决方案的范围。在高级优化阶段计算的架构为如何在功能级别上实现架构提供了很多机会。从技术上讲，高级优化的结果是功能级别上后续优化的起点。功能级别上的优化结果为执行 CAD 建模和 CAE 数值模拟提供了值的初始估计。后续将这一过程应用于数值模型和物理原型的验证和确认。

但也应注意，优化循环的数量严格取决于产品本身。在优化开始之前，应开发出许多描述产品功能的高质量数值模型。数值模型应该参数化，并且必须易于在过渡到另一种架构期间进行更改。所有这些都给创建数字孪生提出了要求，只有遵守这些要求，才能创建产品的可靠数字孪生。

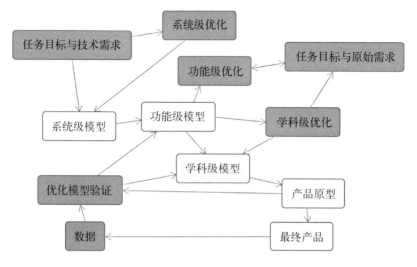

图 8-9 设计过程中的功能优化

8.2.2 逻辑架构视角

将整个系统的生命周期中从创建到退出的不同阶段形式化为中心系统视图是非常有意义的。而对逻辑架构进行建模通常是一个被低估的开发步骤，架构描述支持开发人员为进一步的开发步骤制订设计决策[4]，如图 8-10 所示。

但是，由于系统的大小、复杂性以及逻辑架构的原因，有必要提供一种良好的符号、方法和工具，可以通过描述以下内容规范化分层系统视图。

（1）逻辑架构视图及其主要功能和子功能。

（2）物理架构视图，并在物理元素上分配功能。

（3）功能失效视图。

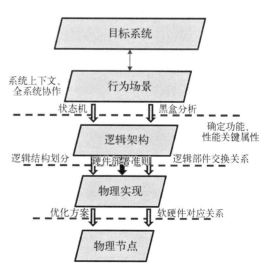

图 8-10 逻辑架构视角

159

（4）操作视图，具有时间不变性，覆盖从最高级别（考虑任务阶段）到较低的操作级别（在任务阶段出现操作模式）。

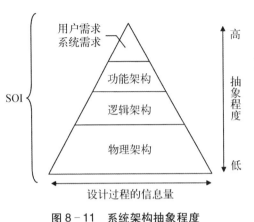

图 8-11 系统架构抽象程度

需求开发和架构设计过程组分别涉及系统规范和架构的开发，是 MBSE 在行业中应用最广泛的地方。流程的技术评估组定义了工程分析和行业研究，用于评估系统需求和设计工件。功能、逻辑和物理三级系统架构的抽象程度依次递减[5]，如图 8-11 所示。

功能架构定义了与解决方案无关的设计表示形式，它定义了整个系统层次结构中黑盒需求中包含的系统功能。

物理架构由为特定的子系统设计选择的有形设备组成，可以通过其供应商数据表来表征物理组件。物理架构还考虑了诸如冗余以及特定空间布局之类的约束。物理系统和组件在 SysML 中表示为应用了 physical 构造型的模块。

整个架构的每个级别都定义了完整的设计可追溯性。从黑盒需求继承过来的功能就作为块操作分配给逻辑和物理系统。一般可以通过 SysML 的 allocate 关系将逻辑架构的组件与它们的物理对应关系相关联。

在描述系统逻辑架构之前，还需要验证系统视图和功能架构的一致性，需要满足以下一致性条件。

（1）视图中未标记为 env 类型 stereotype 的每个块必须是逻辑架构的一部分。

（2）视图必须体现整体-部分关系。如果视图中的功能之间存在这种关系，则它也必须存在于完整的功能架构中。

（3）如果两个功能在整个功能架构中处于（可能是可传递的）整体-部分关系中且都存在于视图中，则它们在视图中也必须具有这种关系。

（4）视图中显示的常规通信关系必须存在于逻辑架构中。如果视图表明通信中涉及某些信号，则必须在架构中进行说明。如果在视图中没有信号附加到通信链路，则架构中必须至少存在一个信号。

（5）不需要与确切的源或目标建立通信关系。

（6）实例化功能架构中的块和连接器是所引用功能架构中所示模块的子集。

8.2.3 逻辑架构分析方法

1. 目标

逻辑架构模型开发的目的是定义、选择和综合系统的逻辑架构模型，它提供了一个框架，以此为基础验证将来的系统能在所有操作场景均满足系统需求，在系统之间进行权衡可以探索开发这样的系统[6]。

流程的通用输入包括系统需求、架构师识别并用来响应需求的通用架构模式、系统分析过程的结果，以及系统验证和确认过程的反馈。根据所选择的生命周期模型，这些输入和输出以及它们之间的关系将在整个过程中进行迭代[2]。

该过程的通用输出是单个逻辑架构模型，或者是一组待选逻辑架构模型，以及所选的独立逻辑架构模型及其选择的基本原理。逻辑架构模型至少包括视图和模型，更完整情况下包括功能、行为和时间视图、逻辑架构模型元素与系统需求之间的可跟踪矩阵。

2. 活动过程

在此过程中执行的主要活动和任务如下。

1）分析功能和行为要素

（1）通过分析功能、接口和操作需求，从系统需求中识别功能、输入/输出流、操作模式、模式转换和操作场景。

（2）为每个函数和输出定义必要的输入和控制（能量、材料和数据流），从而推导出使用、转换、移动和生成输入/输出流所需的函数。

2）将系统需求分配到功能和行为元素

（1）通过对性能、有效性和约束需求的分配，正式地描述功能表达式及其属性。特别是研究时间方面的需求管理从顶层时间需求分解至持续时间、响应时间和动态频率等功能需求。

（2）通过对接口、有效性、操作性、时间和约束需求的分配，正式地描述输入、输出和控制流表达式及其属性。

（3）在系统需求和这些功能及行为元素之间建立可追溯性。

3）为每个待选定义选择逻辑架构模型

（1）根据系统需求（如果有的话）分析操作模式，并/或使用先前定义的元素建模操作模式的序列和模式的转换。最终将模式分解为子模式，为每个操作模式建立一个或多个功能识别和/或使用相关通用行为模式的场景。

（2）集成这些功能场景以获得系统的行为架构模型（动态行为的完整图片）。

（3）根据需要分解先前定义的逻辑元素以查看并实现。

（4）为之前定义的逻辑元素分配并整合时间约束，如时间周期、持续时间、频率、响应时间、超时、停止条件等。

（5）为与决策级别相对应的功能定义多个级别的执行频率，以便监视系统操作，在这个时间基础上确定处理的优先级，并在这些执行频率级别之间共享功能以获得时间架构模型。

（6）执行功能故障模式和影响分析，并根据需要更新逻辑架构元素。

（7）使用模拟器执行模型（如果可能），并调整这些模型以获得预期的特性。

4）综合选择独立逻辑架构模型

（1）根据评估标准（与系统需求相关）评估待选逻辑架构模型并对它们进行比较，选择逻辑架构，使用系统分析过程执行评估和选择的决策管理过程（参见系统分析和决策管理主题）。这种选定的逻辑架构模型称为独立逻辑架构模型，因为它将尽可能地独立于实现决策。

（2）识别和定义为设计需要而创建的派生逻辑架构模型元素，并与派生系统要求相对应。将这些要求分配给适当的系统（当前研究的系统或外部系统）。

（3）确认并验证所选择的逻辑架构模型（尽可能使用可执行的模型），根据需要进行修正，并建立系统需求和逻辑架构模型元素之间的可追溯性。

5）反馈逻辑架构模型开发和系统需求

此活动在物理架构模型开发过程之后执行。

（1）如果可能的话，分配逻辑架构模型到系统和系统元素，并根据需要添加功能、行为和时间元素同步功能和处理。

（2）定义或合并由待选逻辑和物理架构模型产生的派生逻辑和物理元素。定义相应的派生需求，并将它们分配到适当的逻辑和物理架构元素中。将这些派生的需求合并到受影响系统的需求基线中。

3. 工具、方法和建模技术

逻辑架构描述使用建模技术，这些技术归类于以下 3 种类型的模型中，已经开发了几种方法支持各种类型的模型（有些是可执行模型）。

（1）功能模型，包括结构化分析设计技术（structured analysis design technique，SADT）、增强功能流框图（enhanced function flow block diagram，eFFBD）和功能分析系统技术（function analysis system technique，FAST）等模型。

（2）语义模型，包括实体关系图、类图和数据流图等模型。

（3）动态模型，包括状态转换图、状态图、eFFBD、状态机图、活动图和 Petri 网。

根据领域的类型，架构框架提供了可以帮助表示架构的其他方面/视图的描述。

8.2.4　逻辑验证

SysML 用来捕获作为描述和分析系统模型的系统设计，SysML 将基于文本的需求与系统设计模型联系起来，并提供支持分析和验证的模型语言基础。然而，SysML 并不是一种方法论，也不是一种方法。因此，在特定工程问题领域，如何基于 SysML 实现分析和验证目标变得很重要。在 SysML 中以足够精度搭建系统模型，可以用来支持早期需求验证和设计验证[7]。

基于模型的系统工程（MBSE）通过将以文档为中心的存储库转换为模型，将以文档为主体的系统设计转换为以模型为主体的系统设计来提高生产力。为了完成这一目标，企业组织需要付诸适度的实践实现生成性建模。MBSE 系统建模通常由 SysML 实现，在设计和开发复杂系统的过程中，需要完成一系列验证和确认（V&V）的工作。验证和确认工作可能是复杂系统过程的关键阶段，占总设计工作量的 50%~80%。特别是在安全性要求苛刻的领域，验证确认工作格外重要。

验证的定义是通过检查和提供客观证据确认是否已经达到规定的要求。例如，对于系统需求"系统质量应该在 98~100 kg 之间"的验证方法，可以通过测试或分析来执行。为了测试该需求，定义了一个测试用例来衡量系统，并将测量的质量与所需的质量进行比较。为了分析此需求，需要将每个组件的质量相加，以评估整个系统的质量。在实际系统还未完成，或者因为成本、时间、资源及风险等因素无法直接操纵实际系统的情况下，要完成测试分析需求的工作就需要系统模型。实际工作中需要关注测试验证和分析验证两方面，本节主要阐述测试验证工作。如何利用 SysML 成功地实现系统模型上的验证目标：采用什么方法、什么工具与 SysML 有效结合使用？如何在 SysML 中以足够精度搭建系统模型用于支持自动化需求验证？

以下方法结合了几种不同的技术：基于文本的需求的形式化、需求追溯、差距和覆盖分析、测试用例和分析模型的定义、自动化的需求验证，以及记录和发布验证结果。MBSE 的力量在于工具，需要基于软件执行自动化的需求验证。

目前，许多 MBSE 的需求验证方法和技术已经在应用中。它们中的大多数是仅供内部使用的专有方法。有专家提出了一种使用 SysML 描述系统结构和需求的复杂系统验证方法。使用 Petri 网和时序逻辑分别形式化表达系统行为和需求。这种形式化的好处是允许需求的自动形式化验证。

自动需求验证由以下步骤组成。

（1）文本需求格式化。

（2）分析上下文的定义。

（3）系统属性与约束参数绑定。

（4）评估默认或替代系统配置：分析方式、测试方式。

（5）需求验证。

（6）获取验证结果。

通过分析、测试结合进行验证的过程如图 8－12 所示。

所提出的方法只与分析验证有关，在 MagicDraw 建模工具中实现了一种方法，并成功地应用于多个实际项目中。

下面将详细描述该过程的每个步骤[2]。

1. 形式化文本需求

标准的 SysML 需求模型提供了基于文本、无特定格式的需求规范，但是 SysML 可以通过使用 refine 关系精炼文本需求，如图 8－13 所示的需求 refine 矩阵。

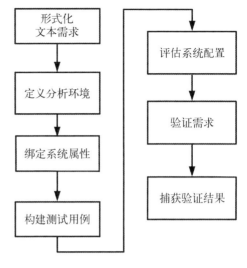

图 8－12　需求验证过程

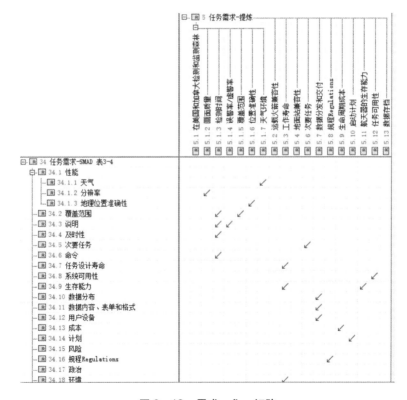

图 8－13　需求 refine 矩阵

2. 定义分析环境

要在 SysML 中建模的系统模型上运行实验，必须定义分析上下文，以有效载荷子系统为例，它的上下文环境如图 8‑14 所示。

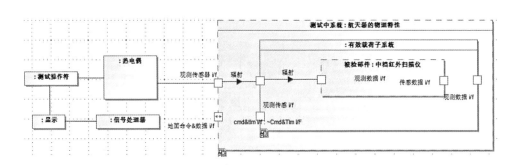

图 8‑14　上下文环境定义

这样做的目的包括：提供一个由被测系统组成的结构；使用一个或多个约束块反映被测系统的一个或另一个数值特性；存储测试结果和其他结果数据；避免对测试模型下的系统产生任何直接影响。

分析上下文在 SysML 内部模块图（IBD）中的定义，并在 SysML 参数图中使用，在如图 8‑15 所示的参数图中，将被测系统的数值特征（SysML 的值属性）或该系统的任何深层嵌套部分绑定到约束块参数以进行数学计算。在模块定义图中，定义罗列基于文本的需求，并建立这些需求与它们所满足的值属性之间的可跟踪性。

3. 绑定系统属性

在如图 8‑15 所示的参数图中，通过创建系统方程的方式定义模块的约束属性。块是表示系统结构的基本结构元素，每个块可以由值属性组成。在参数图中将这些值属性与约束块的参数值进行绑定。参数值被用来作为约束块的表达式定义及结果输出。该结果可在上述定义的分析上下文中做进一步计算。布尔值结果反映需求测试通过与否。

将在前面步骤中形式化的需求与被测试系统的值属性进行绑定。如果预期的

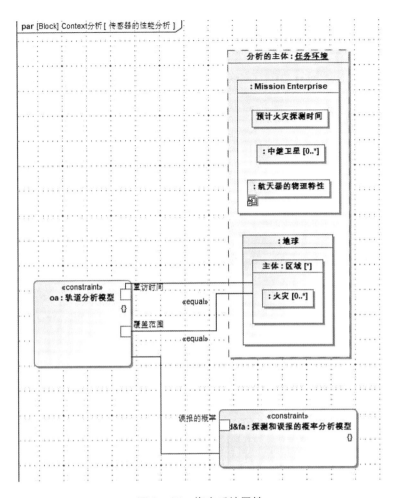

图 8‑15　绑定系统属性

结果不是布尔值，则需要将值属性添加到分析的上下文，并将该值属性与约束块
的结果参数进行绑定。

4. 构建测试用例

针对已经精炼的需求与约束，在经过分析的运行和测试环境中，根据模型的
运行逻辑，设计测试用例，包括但不限于测试用例编号、输入信号、约束条件、
输出信号等，对于复杂的测试用例可以通过图形、决策表等方式辅助设计，并通
过测试用例评审或者测试用例自动生成工具等手段，保证所有需求均被测试用例
覆盖。

5．评估系统配置

SysML 参数化模型是一个基于标准的工具，用于对已定义的分析上下文进行自动需求验证。每个实例规范可能有不同的输入参数集。换句话说，它们中的每个都代表被测试系统的不同变体，或者可以在运行时更改输入值，在运行中更灵活地观察输入中的更改如何影响结果。这是找到最优系统测试配置，将其导出到模型中的实例规范或将结果保存为系统设计模型的默认值的完美方法。

6．验证需求

需求的验证是在 MagicDraw 建模工具中实现的。MagicDraw 可以高亮显示失败的需求验证结果，也可以通过追溯性导航到失败的文本需求元素。

7．捕获验证结果

验证结果可以以实例规范元素的形式保存到模型中。在大多数情况下，这是系统的每个子组件的一组实例。实例规范可以在建模工具中表示，如表格形式，或者分别导出为 Excel 格式。

在 SysML 中系统模型用于支持自动化需求分析验证的方法，存在的缺点是非格式化和格式化需求作为单独的实体造成的信息重复。如果变更出现在非格式化需求的文本中，就没有办法自动更新格式化需求。换而言之，该方法分离了两个不同的抽象级别，可以在将来考虑建立两者之间的自动同步选项。

8.3　逻辑综合

8.3.1　逻辑综合概述

逻辑综合是基于功能架构、场景等进行逻辑架构建模并分配到物理组件的过程。建立逻辑架构模型的目的是提供系统必须能够做什么来满足所述需求的描述。这将有助于确保所有涉众的需求和/或关注点都能通过任何解决方案得到解决，并且能够考虑创新的解决方案，以及基于当前解决方案技术的解决方案。在实践中，问题涉众推动他们自己的议程，解决方案架构师或设计师提供他们熟悉的解决方案是常规做法。如果在选择的生命周期中未正确实施逻辑架构模型，那么问题和解决方案涉众很容易忽略它，并恢复到他们自己的想法。如果逻辑架构模型本身成为终结者，或者与主要生命周期活动断开连接，这种情况就会加剧。这可以通过使用抽象语言或符号、定义细节级别、多花时间、使用过于复杂的最终架构来解决，而最终架构与创建它的目的并不匹配。如果架构的语言、范围和及时性与问题涉众或解决方案提供者的想法不匹配，则他们更容易忽略它。表8-1和表8-2分别介绍了逻辑综合场景问题及推荐的逻辑综合实践。

表8-1 逻辑综合场景问题

缺　陷	描　述
问题的相关性	逻辑架构模型应该与任务分析产生的操作场景相关联
架构模型的输入	架构定义活动的主要输入包括一组系统需求和实例，在这些需求和实例中，它们没有解决正确的架构级别
分解太深	许多架构初学者经常犯的一个错误是将功能分解得太深，或者在场景中或在当前系统块的功能架构模型中有太多的功能和输入/输出流
没有将输入输出与功能一起考虑	一个常见的错误是只考虑功能支持的操作并分解它们，而忘记输入和输出，或者太晚考虑它们。输入和输出是一个功能不可分割的部分
只考虑功能的静态分解	静态函数分解是最小的功能架构模型任务，它回答了一个基本问题——如何完成？静态分解的目的是促进功能列表的管理或浏览。当创建方案并且逻辑架构即将完成时，才应建立静态分解
混合治理、管理和操作	治理（战略监视）、管理（战术监视）和基本操作通常混合在复杂的系统中；逻辑架构模型应该处理行为架构模型以及时间架构模型

表8-2 逻辑综合实践

实　践	描　述
功能场景构成	在构成功能分解树之前，必须对系统行为建模，建立功能场景，并将功能分解为子功能场景

（续表）

实　　践	描　　述
分析与合成周期	当面对一个包含大量功能的系统时，应该尝试在标准的帮助下将功能综合为更高的功能抽象级别。不要只进行分析，相反，要进行小的分析（分解）和周期合成。使用场景的技术包括这种设计实践
交替的功能和行为视图	功能（动作动词，如"要移动"）及其执行/操作模式状态（如"正在移动"）是两个相似且互为补充的视图。利用这一点考虑系统的行为视图，该视图允许从一种操作模式转换为另一种操作模式
创建场景的顺序功能	创建功能方案时，首先建立功能（控制）流，然后添加输入和输出流，最后添加用于同步的触发器或信号，效率更高

8.3.2　逻辑综合方法

以某雷达系统为例进行架构定义及逻辑综合。首先使用建模工具建立概要文件和模型库，然后建立系统的黑盒规范，最后进行基于模型的架构定义，其中包括逻辑架构定义和物理架构定义。

逻辑架构定义的输入是系统黑盒规范，系统的黑盒规范是使用黑盒模型描述的系统需求，黑盒模型包括系统块、系统状态机以及设计约束。根据系统的需求建立雷达系统的黑盒规范，系统性能需求使用属性描述，包括平均无故障时间等；系统的功能使用操作描述，包括初始化系统、管理系统等；系统的接口使用端口描述，包括电源接口、用户接口、维护接口等；系统外部的交互对象使用关联端描述，包括日志数据、配置数据等。系统黑盒规范的块定义案例如图 8-16 所示。根据雷达系统的射频处理过程对其进行逻辑分解，主要包括处理类、接口类和管理类共三类逻辑组件。根据白盒活动图中逻辑组件的交互得出逻辑组件之间的接口，使用 IBD 对接口进行描述。综合所有白盒活动图和 IBD，得到所有逻辑组件的规范。

逻辑综合基于逻辑节点架构定义开展，在逻辑节点架构分解完成之后，可以

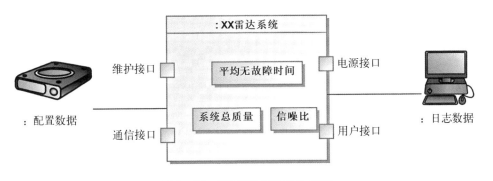

图 8 - 16　XX 雷达系统黑盒规范

使用白盒活动图分析逻辑组件的交互关系，并使用 IBD 描述逻辑节点架构中的逻辑组件接口。

接下来的工作是建立逻辑组件与物理组件的映射关系，需要针对每个逻辑组件，定义一个与之对应的物理组件，建立逻辑组件与物理组件的分配关系。

再进行物理节点架构定义，包括建立逻辑组件到物理组件的映射、物理节点定义、物理节点分解、物理组件交互分析、软件架构定义和硬件架构定义。针对每个逻辑组件，定义一个与之对应的物理组件，建立逻辑组件与物理组件的分配关系。

8.3.3　从系统需求到逻辑和物理架构模型的转换

该过程的目的是基于系统需求（从供应商/设计者的角度考虑问题，并尽可能独立于技术）通过逻辑架构的中间模型将逻辑架构模型的元素分配给系统元素待选物理架构模型。

如图 8 - 17 所示，设计决策和技术解决方案是根据性能标准和非功能性要求来选择的，如操作条件和生命周期约束（环境条件、维护约束、实现约束等）。创建逻辑架构模型，有助于根据系统需求验证系统的功能、行为和时间属性，这些需求在系统、物理接口或技术层面的生命周期中没有重大技术影响，因而无须置疑系统的逻辑功能。

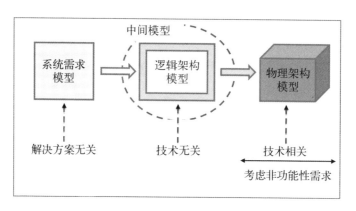

图 8 - 17　架构设计阶段中的逻辑架构模型

8.3.4　逻辑架构和物理架构模型之间的迭代

如系统需求中所述，在综合解决方案时采取的确切方法通常取决于系统是已理解的产品或服务的演进，还是新的、前所未有的解决方案（请参阅综合可能的解决方案）。

无论采用哪种方法，架构活动都需要在逻辑架构模型开发和物理架构模型开发之间进行多次迭代，直到逻辑和物理架构模型保持一致并提供必要的详细程度为止。最初的架构活动之一是基于功能场景创建逻辑架构模型。物理架构模型用于确定能够执行系统功能的主要系统元素并进行组织[8]。

随后的逻辑架构模型迭代可以考虑将功能分配给系统元素以及从物理解决方案选择中派生的功能。它还通过引入其他场景、故障分析和以前未考虑的操作需求补充初始逻辑架构模型。派生功能被分配给系统元素，反之，这会影响物理架构模型。

其他迭代专注于生成解决方案的完整与一致的逻辑和物理视图。

在系统设计期间，技术选择可能会导致新功能、新输入/输出和控制流程以及新物理接口。这些新元素可以导致新的系统需求，称为派生需求。

8.3.5　需求确认

需求确认通常是系统涉众的责任，审查需求规范（如 SysML 需求图）以确定定义了要构建的"正确的产品"。确认期间检查的需求质量包括但不限于正确性、完整性、一致性、清晰性（明确性）、简洁性、可行性、必要性和优先级[9]。

SysML 通过将需求定义为一类可视建模元素支持需求确认，这些元素可以被分类（如功能、性能、接口、设计约束）、组织成层次结构（通过包含关系），以及根据需要分配属性（如风险、验证方法、优先级、工作级别）。

需求确认的典型环节和方法如下。

1. 利益攸关方识别和期望定义

在模型中确定利益攸关方，并将其与他们的需求、目标、目的和约束关联起来。这在变更影响评估中很有用，因为如果目标变更或无法满足，系统工程师可以确定哪些利益攸关方将受到影响，如表 8-3 所示。

表 8-3 利益攸关方期望确认

确 认 问 题	确 认 的 方 法
每个期望都至少有一个相关的利益攸关方吗？	使用包含利益攸关方、期望和分配关系的分配矩阵，评估是否将每个期望分配给利益攸关方
在生命周期的后期，是否满足了所有期望？	这可以通过两种方式显示：包含期望和模型元素的满足关系的满足矩阵；列出所有期望值和满足期望值的模型元素的表格

期望可以分为主要和次要两种类型。次要期望可以是较小的任务或需要在项目生命周期的后期完成的分析，并且如果对系统工程规划工作有用，则可以在模型中捕获描述。

2. 概念定义

在任何项目的开始阶段，都需要任务或系统的操作概念（ConOps）详细说明任务生命周期和目标。有必要了解整个任务和项目时间表以设计系统。ConOps 还有助于定义系统必须解决或执行的高级架构结构、需求、活动和功能，并建立权衡分析空间边界。要在很高的层次上创建项目场景的概述，此概述可以包括事件或活动，如发射、有效载荷分离、前往地点等。这些事件被分解为较小的活动或功能。例如，发射事件可能会分解为较小的活动，包括安装有效载荷、加载推进剂等。概念定义确认方法如表 8 - 4 所示。

表 8 - 4　概念定义确认

确 认 问 题	确 认 的 方 法
每个功能都有相应的需求吗？	通过满足关系显示与需求相关的所有活动的矩阵可用于验证相对于已识别功能的已识别需求的完整性
功能是否已分配给拥有的系统或子系统？	这可以通过矩阵或表格来完成，该矩阵或表格列出了通过分配关系分配给系统或子系统的功能
所有已识别的功能（作为分解的一部分）是否已在功能流程中的某处使用？	显示功能用法的矩阵

待开发系统的顶层功能通过用例进行描述，用例完善了利益攸关方的期望（需求）。在用例图或模块定义图中，将用例、参与者、感兴趣的系统、边界、约束和环境之间的关系建模为系统上下文，系统行为被建模为 Action，可以将 Action 分配给其他模型元素并定义为 Activity。通过 Activity Diagram 显示功能之间的顺序或功能接口等关系。

3. 有效性度量（MOE）、绩效度量（MOP）和技术绩效度量（TPM）

在建模过程中，需要定义 MOE、MOP 和 TPM，区别在于用它们执行的计算以及模型元素之间的关系不同，相关定义确认方法如表 8 - 5 所示。MOE 旨在关注根据任务成功标准以及利益攸关方的期望得出的任务运营目标的实现程度。MOP 是表征与系统有关的物理或功能属性的度量，通常是从 MOE 派生出来的。TPM 来自 MOE 和 MOP，它们对于任务成功至关重要。TPM 是诸如质量、可用性、移动性、用户或操作员舒适度、CPU 容量以及与操作期间关键事件相关的参数之类的度量。

表 8 - 5　MOE、MOP、TPM 确认

确 认 问 题	确 认 的 方 法
MOE、MOP 或 TPM 的满足关系	通过 satisfy 关系表显示了 MOP 和 TPM 及其相关模型元素
哪个 MOP 和 TPM 与需求、系统或子系统有关？	通过 satisfy 关系表显示 MOP 和 TPM 及其相关模型元素
约束方程是否在模型中正确实现？	运行已知的配置，以显示模型配置会产生预期的结果

4. 需求和需求分配

需求不仅包括高层项目和任务要求，而且还包括技术、性能、界面、环境、操作、可靠性、安全性、专业和人为因素。随着需求的进一步分解，需求变得更加具体。需求分配确认方法如表 8 - 6 所示。

表 8 - 6　需求分配确认

确 认 问 题	确 认 的 方 法
按照需求级别，是否每个需求都有父需求或是子需求？	矩阵
需求是否已分配给物理结构元素？	分配矩阵
需求是否具有描述其成熟度的必要信息？	模型或表中的验证脚本

需求通常与活动、功能、验证事件和模块等模型元素相关。需求和其他模型元素之间的关系是在对需求进行审查和确定基线，以及在模型中添加更多详细信息时创建的。

5. 架构定义

架构定义是系统的物理和逻辑结构以及相互联系。架构定义将系统定义并分解为子系统，将子系统分解为装配体或组件，以此类推，直到将其分解为项目所

需的级别为止。根据项目的不同，架构可以使用三个或更少的级别，或者在必要时可以使用更多的级别。定义架构可以使在将功能分配给子系统之前更容易地识别功能。架构定义确认方法如表8-7所示。

表8-7　架构定义确认

确 认 问 题	确 认 的 方 法
物理和逻辑结构是否分解到正确的水平？	模块定义图
各级物理和逻辑结构是否具有合适的组件？	模块定义图
各架构元素都有对应功能吗？	矩阵

6. 定义解决方案

解决方案定义过程用于生成和评估替代解决方案，并选择一个或多个进行进一步的分析和设计，该过程也称为权衡分析。全面的解决方案可能需要考虑许多方面。替代解决方案工件被捕获为模型中的选项，然后根据决策更新基本模型。对于从系统到子系统等任务，可能有各种各样的替代解决方案。

7. 接口定义

接口定义描述了架构每个级别上的接口项，如系统级别的外部接口，子系统到下一级别的子系统接口，并一直分解到所需级别，包括了逻辑接口和物理接口以及相关的详细信息。接口定义确认方法如表8-8所示。

表8-8　接口定义确认

确 认 问 题	确 认 的 方 法
是否已识别所有接口？	该模型可以通过产生元素之间的关系表格和矩阵帮助分析。用于标记接口的属性的完整端口的脚本，可以用于验证系统块是否具有至少一个标记的接口。需要进行额外的工作验证所有接口是否正确以及是否已标记所有接口

确 认 问 题	确 认 的 方 法
所有接口的类型都正确吗？	显示带 item flow 的端口的表格
接口是否具有正确的单位？	检查每种端口类型的单位

8.4 总结

系统逻辑架构设计是系统工程流程中最重要的阶段之一。首先，系统到逻辑子系统的分解程度决定了系统整体复杂性在其子系统中的分解程度；其次，将具有一致性的体系结构传递给下游工程师，可以降低在详细设计阶段由于子系统之间的不一致所引发的兼容性风险[10]。通过逻辑架构设计，可以基于系统需求形成一致的逻辑体系结构，随着系统的分解降低系统设计的复杂度。

参考文献

［1］FRIEDENTHAL S，OSTER C. Architecting spacecraft with SysML：a model-based systems engineering approach ［M］. Charleston：CreateSpace Independent Publishing Platform，2017.

［2］Guide to the systems engineering body of knowledge（SEBoK），version 2. 7 ［EB/OL］.（2022－10－31）［2023－05－29］. https：//sebokwiki. org/w/ images/sebokwiki-farm！w/9/9d/Guide_ to_ the_ Systems_ Engineering_ Body_ of_ Knowledge_ v. 2. 7. pdf.

［3］丁鼎.基于模型的系统工程在民用飞机领域的应用［J］.沈阳航空航天大学学报，2012，29（4）：47－50.

［4］倪忠建，张彦，李漪，等.模型驱动的系统设计方法应用研究［J］.航空电子技术，2011，42（1）：18－23+43.

［5］夏妍娜，赵胜.工业 4.0：正在发生的未来［M］.北京：机械工业出版社，

2015.

[6]陈红涛，邓昱晨，蒲洪波，等.国外系统工程方法的最新进展 ［J］.国防科技情报，2012，9：23 - 25.

[7]ARANTES M, BONNARD R, MATTEI A P, et al. General architecture for data analysis in industry 4. 0 using SysML and model based system engineering ［C］// 2018 Annual IEEE International Systems Conference（SysCon），2018.

[8]BOCCIARELLI P, D'AMBROGIO A, FALCONE A, et al. A model-driven approach to enable the simulation of complex systems on distributed architectures ［J］. Simulation, 2019, 95（12）：1185 - 1211.

[9]NO MAGIC INC. MagicGrid book of knowledge ［EB/OL］. ［2023 - 06 - 01］ https：//discover. 3ds. com/magicgrid-book-of-knowledge.

[10] FRIEDENTHAL S, MOORE A, STEINER R. A practical guide to SysML：the systems modeling language ［M］. Third Edition. Waltham：The MK/OMG Press, 2015.

第 9 章　物理架构分析

9.1　物理架构的定义

系统架构是专注于实现系统的任务和生命周期的概念，涉及目标系统的体系架构原理、概念、属性和特征。在某些情况下，系统架构可以为相似或相关系统的类或系列形成通用的结构、模式和要求集合。而物理架构是系统架构物理视图表达的缩写。

物理架构是一种物理元素（系统元素和物理接口）的布置，它为产品、服务或企业提供设计解决方案，旨在满足逻辑体系结构元素和系统要求[1-2]。一个由数千个物理部件和/或无形部件组成的复杂系统可以由多层系统和系统元素构成。为了便于管理系统定义，架构中的每个层级中的元素数量不宜过多，通常推荐（5±2）个元件，如图 9-1 所示。

系统元素是系统的一个离散部分，可以用来实现设计属性。系统元素可以是硬件、软件、数据、人、过程（如为用户提供服务的过程、操作员指示）、设施、材料和自然产生的实体（如水、生物和矿物），或是这些元素的任何组合。物理接口类似于链接或连接器，将两个系统元素绑定在一起。表 9-1 提供了一些系统元素和物理接口的示例。

接口是定义系统架构时要考虑的最重要的概念之一。接口可以分为功能接口和物理接口，并定义为输入和输出。由于功能是由物理元素（系统元素）执行的，功能的输入/输出也由物理元素承载（即物理接口）。因此，在接口的

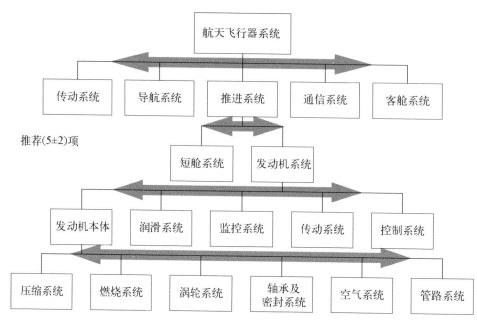

图9-1 系统和系统元素的层级示例

表9-1 系统元素和物理接口的示例

元　　素	产 品 系 统	服 务 系 统	企 业 系 统
系统元素	硬件部分（机械、电子、电气、塑料、化学等）运营商角色；软件部分	流程、数据库、程度等运营商角色；软件应用	公司、部门、项目、技术团队、领导等；IT构件
物理接口	硬件部分、协议、程序等	协议、文档等	协议、程序、文档等

概念中考虑了功能和物理方面。对接口的详细分析显示，功能"发送"位于一个系统元素中，功能"接收"位于另一系统元素中，而功能"承载"由支持输入/输出流的物理接口执行，如图9-2所示。

　　在系统元素之间进行复杂交换的情况下，尤其是在软件密集型系统中，协议被视为承载数据交换的物理接口。此外，输入/输出流还包括除数据以外的许多其他交换，如能量。

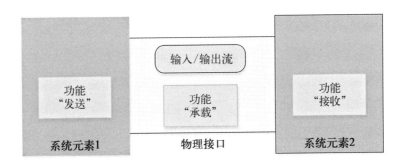

图 9-2 接口示意

类似地，软件的物理结构规定了组成软件系统的物理元素及它们之间的关系，以及它们部署到硬件上的策略。物理架构可以反映软件系统动态运行时的组织情况。此时，上述物理架构定义中提及的"物理元素"就是进程、线程以及作为类运行时的实例对象等，而进程调度、线程同步、进程或线程通信等动作则进一步反映物理架构的动态行为[3]。对于企业 IT 系统，物理架构更关注系统、网络、服务器等基础设施。例如，如何通过服务器部署和配置网络环境实现应用程序的"可伸缩性"和"高可用性"。对于机电系统，物理架构更加侧重于系统的组成和布置。

9.2 物理架构分析方法

系统架构活动的目的是基于逻辑上相关且彼此一致的原理、概念和属性定义一个全面的解决方案。解决方案体系架构具有可能满足一组系统需求（可追溯到任务/业务和利益攸关方的需求）和生命周期概念（如运营、维护）所表达的问题或机会的特征、属性和特性，并且可以通过技术（如机械、电子、液压、软件、服务、程序、人类活动等）实施。

设计集成是将功能架构转变为满足系统所需功能的物理架构的过程。

如图 9-3 所示，综合是将功能架构及其相关需求转换为物理架构和一个或多个关于硬件、软件和人员解决方案的物理集的过程。在制定设计方案时，需要验证系统元素的特性和过程是否匹配初始需求。设计集成活动的最终输出是一组经过分析验证的规范、一个满足需求的集成系统，以及一个记录建立规范的过程和原理的数据库。

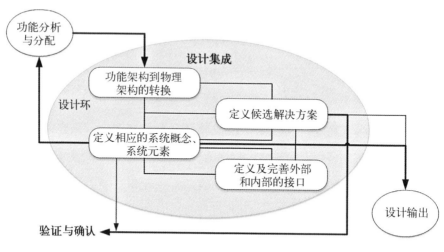

图9-3 设计综合过程

设计集成的第一步是将功能分配到物理架构中。这个高层级结构用于定义系统概念、物理元素和实现概念的过程。随着概念的发展，结构中定义的内容反馈到设计环中，表征功能需求得到满足。同时，成熟的概念、物理元素和过程解决方案在发布之前需要进行验证与确认。在概念开发期间，综合会生成系统概念并在子系统之间建立基本关系。随着生命周期的推进，综合会进一步阐明子系统和组件并定义所有系统及组件之间的详细接口。由于可能存在多种解决方案都满足给定的功能和性能需求，因此需要在候选架构中选择最佳的解决方案。此时，物理架构分析需要遵循特定的原则和方法。

1. 模块化设计

模块化设计是通过对执行单个独立功能或单个逻辑任务的组件进行分组来实现的[4]。如图9-4所示，模块化设计就是用积木的概念，参照逻辑架构将完成分解功能的物理元素独立化，作为相应的模块，然后由这些模块根据组合方案构成物理架构。对相关功能进行分组有助于简化模块化设计解决方案的搜索，而且还增加了在系统架构中使用开放系统方法的可能性。

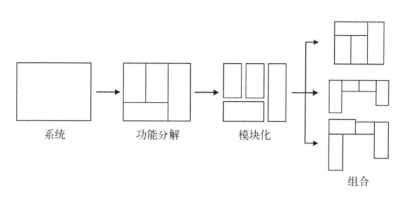

图 9-4　模块化设计过程

模块化单元的理想属性包括低耦合、高内聚和低连接性。模块之间的耦合是对它们相互依赖性或两个模块之间共享信息量的度量。解耦模块可减轻开发风险，并使以后的修改更易于实现。内聚（也称为绑定）是模块内执行的任务的相似性。高内聚意味着允许使用相同或相似（系列）的组件，或允许使用单个组件执行多种功能。连接性是指一个模块的内部元素与另一个模块的内部元素之间的关系。高连接性是不受欢迎的，因为这种接口增加了设计、开发和测试的复杂性。

2. 建模仿真技术

在过去的几十年里，仿真已经从一种主要限于计算机和数学领域的技术发展成为工程师每天使用的标准工具，用来回答各种设计和工程问题。在 20 世纪 60 年代到 70 年代，Fortran 实现的数值算法被用来计算特定的物理现象以解决设计问题。但是，这仅限于特定的问题和情况，此时没有建模仿真方面的专家。随着工作站和个人计算机的日益普及，建模仿真方面的技术人员数量迅速增长，开始为控制单元设计等重复性任务提供仿真工具。目前，建模仿真已经成为几乎适用于所有应用领域的组件或是完整系统的设计决策、验证和测试的基础。

建模技术允许在设计决策之前对系统进行可视化和评估[5]。模型允许优化物理元素的属性、预测系统性能、导出操作序列以及在物理元素之间优化功能和性能需求分配。但是，随着电子技术和软件技术的发展，机电产品或更为复杂的信息物理融合系统表现出多领域、多学科特征。因此，多领域建模技术应运而生，比如多领域统一建模规范语言 Modelica 就是其中的典型代表。

3. 权衡研究

权衡研究是在需求、技术目标、设计、计划进度、功能和性能要求、成本之间确定适宜和可行的替代方案，然后基于一组定义的标准进行选择[6]。权衡研究在物理架构的各层级上被定义、执行和记录，其详细程度足以支持决策制订并提供平衡的系统解决方案。任何权衡研究的详细程度都必须考虑到成本、进度、绩效和风险的影响。

简单的权衡是分析不同解决方案的优劣。例如，可以通过对民机燃油系统不同设计方案的运营成本进行估算，实现设计方案的分析和权衡。飞机燃油系统由燃油箱、通气系统、供输油系统、地面加油/放油系统、燃油测量系统和油箱惰化系统组成。目前，提出三种燃油系统的设计方案，其主要区别在于供输油系统（见表9-2）：方案一是采用电动泵作为供油泵的系统设计方案；方案二是采用喷射泵作为主供油泵、电动泵作为应急备份的系统设计方案，喷射泵的动力来源于燃油系统主要配置的驱动泵；方案三同样采用喷射泵作为主供油泵、电动泵作为应急备份的系统设计方案，与方案二不同的是，喷射泵的动力来源于发动机本身。

表9-2　三种燃油系统方案需要权衡研究的主要设备清单

候选方案	设 备	数 量
方案一	电动供油泵	4
	测控系统和电缆	2
方案二	喷射供油泵	4
	备份交流电动泵	2

（续表）

候选方案	设　　备	数　　量
方案二	测控系统和电缆	2
	高压燃油动流附件	2
	高压燃油动流驱动泵	2
	动流系统管路	1
方案三	喷射供油泵	4
	备份交流电动泵	2
	测控系统和电缆	2
	动流系统管路	1

在年度运营总成本方面，成本最低的为电动泵方案，其次为喷射泵方案，成本最高的为喷射泵自主驱动方案。电动泵方案的优势在于低质量和低功耗产生的低运营成本以及相对较低的可靠性成本和购置成本；喷射泵方案在初始的购置费用上会便宜很多，然而，由于动流管路中残留的不可用燃油量较大，带来的成本相对变高，同时低效率的功耗产生的成本也比较高。

实际上，大多数从事过燃油系统方案设计的工程师都知道，如果不是按照上述成本分析方法来考虑，而是基于以前传统的分析方法，即很少关注或只是定性粗略地对比各种方案的采购成本，更多地通过对比不同方案的技术先进性、可靠性、安全性等定性和定量的技术指标，那么得出的结论必然是"喷射泵方案是最优的选择"，那样我们就不会得到真正最优化的、最低运营成本的系统设计方案，后续的系统设计总体方向也会发生偏离，甚至出现错误。

实际上，飞行器设计的早期决策除会对全生命周期费用产生重要影响外，对飞行器系统的方案确定、关键技术分解、可靠性、研制周期等均有非常重要的影响。从国内外研究发展趋势来看，今后将重点开展飞行器设计指标权衡，关键技术识别、选择、排序方法，费用、性能综合权衡方法，综合考虑任务性能、可用性、战时生存力、安全性、可支付性的飞行器总体方案综合评价和布局方案优选等决策理论和方法的研究。

9.3 物理架构与实现

物理架构的目的是对一个物理的、具体的解决方案和视图进行详细的描述，该解决方案适应逻辑架构并满足和权衡系统需求。一旦定义逻辑架构模型，具体的物理元素必须被识别。物理架构可以支持功能、行为和时间特征以及从系统非功能性需求（如更换过时的约束和/或持续的产品支持）推导预期系统的属性。

在某些情况下，特别是在将多个系统定义为一个物理架构时，接口标准是一个重要的驱动因素（物理接口可能是这些系统最重要的关注点之一）。接口标准很可能是在系统需求中被强制使用。另外，在物理架构模型开发过程中衍生出的标准也是同样有可能的，这些标准可以成为理想工程成果的关键推动者，如系统系列、技术插入、互操作性和"开放系统"。今天的视频、高保真音响和计算机系统都受益于接口标准的采用。其他的例子存在于大多数工程领域，从螺母和螺栓、管道、电力装置、铁路仪表、TCP/IP、IT系统和软件到模块化防御和空间系统。下面以现代商用飞机中航电系统通信网络常用到的新一代机载数据总线 ARINC 664 为例进行说明。

ARINC 664 网络是由工业标准以太网（IEEE 802.3）经过适用性改进形成的具有高可靠性的确定性网络。ARINC 664 网络在传统以太网高传输速率的基础上，增加了确定性定时机制和可靠的信息传输机制[7]。ARINC 664 网络既能够实现航空电子系统对数据传输带宽的要求，也满足高实时性、高可靠性的要求。ARINC 664 网络在构架上与以太网类似，采用端系统和交换机构成星形的拓扑结构[8]。同时，通过交换机之间级联，可以将一个交换机桥接到其他交换机内部网络的星形拓扑，从而拓展 ARINC 664 网络。ARINC 664 网络构架如图 9 - 5 所示，ARINC 664 网络主要包括 ARINC 664 交换机和 ARINC 664 端系统两部分。

ARINC 664 交换机是 ARINC 664 网络通信的神经中枢，可以为 ARINC 664 网络上的各个端系统提供交换通路以及实现帧转发功能。

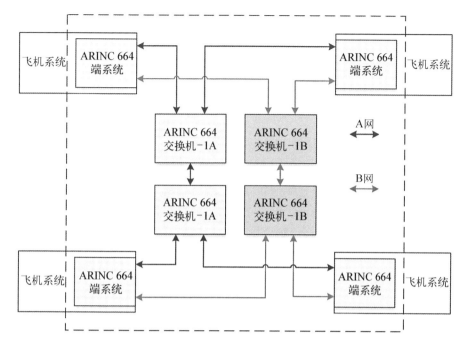

图 9-5　ARINC 664 网络架构

ARINC 664 端系统是飞机系统设备与 ARINC 664 网络之间的接口部件。ARINC 664 端系统嵌入在每个飞机系统设备中，为各子系统和 ARINC 664 网络提供了数据传输接口，将各子系统与 ARINC 664 网络连接起来，具有数据封装、解封装、流量整形、虚拟链路调节、多路调度、完整性检查和冗余管理等功能，保证了 ARINC 664 网络上各子系统之间安全、可靠的数据交换。

9.3.1　概念和原则

下面介绍物理架构开发中涉及的相关概念和原则。

1. 设计属性

设计属性是在系统架构开发期间所获得的属性，通过分配非功能需求，估计、分析、计算和模拟某个特定方面，或者通过定义与系统元素、物理接口和/或物理架构相关联的现有元素来创建。如果定义的元素符合需求，则设计属性将与需求相关（或相等）；否则，必须识别出任何可能修改需求或设计属性的差异，并检测任何偏差。

利益攸关方所关注的问题与系统在运行的、环境的和其他物理约束中的预期行为以及与更一般的生命周期约束相对应。利益攸关方需求和系统需求将这些关注点表达为来自系统的预期功能（如可用性、互操作性、安全性、可扩展性、环境适应性等）。架构师和其他设计人员从需求中识别这些能力，并推断出相应的定量或定性设计属性，以恰当地描述物理架构（如可靠性、可用性、可维护性、模块化、健壮性、可操作性、气候环境阻力、尺寸限制等）。

2. 逻辑元素到物理元素的分配

为系统开发候选物理架构的步骤是首先确定可执行逻辑架构功能的系统元素，以及确定能够执行输入/输出流和控制流的接口。在识别确定潜在元素时，系统工程师需要在逻辑架构内分配设计属性。这些属性是从系统需求中推导出来的。分配是为了便于识别支持这些功能的可行系统元素而进行的分解、收集或分离功能的活动。这些系统元素要么存在且可以重用，要么可以被开发并在技术上实现。

分配使用标准查找功能之间的潜在关联。系统工程师使用系统需求和其他设计属性作为标准评估和选择候选系统元素和功能分配，如同一技术领域内的相似转换、相似的效率水平、相同类型的输入/输出流（信息、能源和材料）交换、集中式或分布式控制、执行的频率接近水平、可靠性条件、环境阻力层次和其他约束条件。

当所建立的候选物理架构需要几种不同的技术、知识和技能时，并行工程方法是必要的。将功能划分和分配给各种系统元素的过程尤其如此，系统工程师必须在其中考虑兼容性问题和紧急属性。

3. 开发获选物理架构

物理架构开发活动的目标是提供由合适的系统、技术系统元素和物理接口组成的最佳物理架构（即该架构最能够满足所有系统需求，这取决于每个需求的约定限制或边界）。最好的方法是生成几个候选物理架构并对其进行评估和比较，然后选择最合适的模型。

候选物理架构是根据关联标准精心设计以构建一组系统元素（即分离、收集、连接和断开系统元素及其物理接口的网络）。这些标准与用于为系统元素划分和分配功能的标准相同。物理架构开发可以以不同的方式进行，例如，它可能实现以下功能：

（1）物理接口的数量减少。

（2）可以单独测试的系统元素。

（3）技术兼容、测量空间中元素的接近度。

（4）易于处理（重量、体积和运输设施）。

（5）优化元素之间共享的资源。

（6）模块化（即元素之间的相互依赖性较低）。

（7）弹性（即高度可靠、可维护或可更换的元件）。

4. 评估和选择合适的候选架构

候选物理架构都可以实现逻辑架构中指定的所有必需功能。候选架构需要通过评估以在设计属性、成本、风险等因素之间获得平衡。通常，系统的物理架构是由非功能需求（如安全性、环境条件、约束等）而不是功能需求决定的。实现功能需求的方法多种多样，但是并非所有实现的系统都能够满足非功能需求。

物理架构的选择即是系统元素及它们的物理关系和接口的选择。通常情况下，在进行所有功能、性能的权衡并最终确定系统的物理架构之后，仍需要进行进一步的系统工程工作确保系统的全方面优化。进行一些特定分析（如效率、可靠性、成本、风险分析等）才能获得关于系统整体的行为和结构数据，用以表征候选架构符合系统需求，尤其是非功能需求。其他的一些分析和评估还涉及来自不同技术和专业（机械、电子、软件、热力学、电磁、安全学等）的知识和技能，通过对系统进行相应的专家分析来实现。

9.3.2 实现过程

物理架构开发的目的是定义、选择和综合一个能够支持逻辑架构的系统架构。物理架构将具有特定的属性，用从满足利益攸关方所关注的问题、环境问题，以及其他的系统需求。

由于使用环境或技术可行性的变化，由系统元素组成的物理架构应该伴随系统的生命周期一同发展演进，以便在所需效能的范围内继续执行其任务。根据变化是否影响逻辑架构元素，改变对系统元素的分配。物理架构具有特定的设计属性以不断地适应变化。物理架构的实现过程如图 9-6 所示。

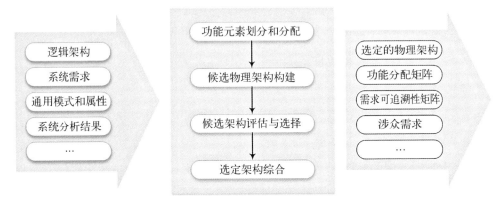

图 9-6　物理架构的实现过程

通用输入包括选定的逻辑架构、系统需求、通用模式和属性（架构师可以识别并利用它们响应需求）、系统分析的结果以及系统校验和系统验证的反馈。

通用输出是选定的物理架构、功能元素到物理元素的分配矩阵、带有系统需求的可追溯性矩阵、组成物理架构的每个系统和系统元素的利益攸关方需求以及被舍弃的解决方案。

在此过程中要执行的主要活动和任务如下。

1. 划分功能元素并分配给系统元素

（1）搜索能够执行功能和物理接口以承载输入输出流和控制流的系统元素或技术。确保系统元素存在或可以进行工程设计。使用由设计属性（从非功能性系统需求中推导出的内容）得出的标准评估每个潜在的系统元素。

（2）使用给定的标准对功能元素（功能、方案、输入/输出、触发条件等）

进行划分，并将划分集分配给系统元素（使用相同的条件）。

（3）当无法识别与已划分功能集相对应的系统元素时，分解功能直到可以识别可实施的系统元素为止。

（4）检查技术的兼容性以及所选系统元素之间的接口的兼容性。

2. 构建候选物理架构

（1）由于功能的划分集可能很多，因此通常会有太多的系统元素。为了定义可控制的架构，系统元素必须被归类为更高层次的系统元素（系统元素组），这在行业中通常称为子系统。

（2）构建与不同组合的基本系统元素相对应的系统元素组（子系统）。一组系统元素组加上一个或几个不可分解的系统元素形成了所考虑系统的候选物理架构。

（3）生成每个系统元素组的物理架构，将其系统元素与承载输入/输出流和触发条件的物理接口连接起来。根据需要添加物理接口，特别是将带有外部元素的接口添加到系统元素组。

（4）生成由系统元素组、不可分解的系统和继承自系统元素组的物理接口所构建系统的综合物理架构。

（5）增补物理架构的设计特性，如模块化、演进能力、对不同环境的适应性、健壮性、可扩展性、对环境条件的耐受性等。

（6）尽量使用可执行的架构原型（如硬件−软件在环原型）识别潜在的缺陷并按需修正架构。

3. 候选架构评估与选择

（1）使用系统分析过程执行评估。

（2）使用决策管理过程来支持候选方案的权衡和选择。

4. 物理架构综合

（1）形式化物理元素和属性，验证系统需求是否得到满足以及解决方案是否可行。

（2）确定此架构设计所必需的系统衍生需求，并据此创建派生功能和物理元素。

（3）建立系统需求和物理元素之间的可追溯性矩阵以及在功能元素和物理元素之间的分配矩阵。

9.3.3　思考与建议

执行物理架构开发时遇到的一些关键缺陷如下。

（1）单个系统块中的层级过多，即当前的系统块包含过多层级的分解。最好的做法是，使系统块的物理架构由一个层级的系统和/或系统元素组成。

（2）没有逻辑架构。开发人员没有建立逻辑架构，即直接执行从系统需求到物理架构的转换。这是一种常见的错误做法，主要是在处理重复的系统和产品时发生的，因为功能是已知的。问题在于，功能始终与特定域集中定义的输入/输出流相关联。如果域集更改，该功能的性能可能会变得无效。

执行物理架构开发过程中经过验证的成功实践如下。

（1）模块化。限制系统元素之间的交互数量，并考虑模块化原则（最大化系统内部一致性，最小化外部物理接口）是设计系统的正确方法。

（2）注重接口。专注于接口而不是系统元素是成功的物理架构和抽象级别系统设计的另一个关键因素。

9.4　面向物理架构的多领域建模

复杂系统的概念设计阶段必须仔细考虑特定学科的子系统之间的功能交互。这意味着设计人员应该能够快速和准确地评估这些由多领域组件的设计变化引起的系统特性[9]。

对于复杂系统的成功发展，只有在不同学科专家之间的密切合作下才有可能实现。因此，设计活动发生在此多学科的环境中，并涉及不同背景的工程师和专家。为了提高新产品的性能，越来越多地使用跨领域的积极互动。单纯的以学科为导向的部分解决方案的组合通常不能提供一个集成系统所能达到的最优结果，而跨领域的交互导致产品的复杂性增加。

复杂系统设计强调工程师在机械、电子和软件等特定领域的集成。然而，来自这些不同学科的产品开发人员之间的交互常常会因为不同学科之间的理解不足而受到阻碍，并且缺少用于复杂系统建模的公共平台。由于许多子系统都来自外部供应商，因此需要在组织内部进行横向集成，并在子系统供应商和完整系统的供应商之间进行垂直集成。

为了在整个产品开发过程中对需求进行简单的验证，需要将高级系统需求分解为设计决策的标准。系统建模和评估也是系统工程的重要主题，是始终需要改进的工具和知识。在许多情况下，非常精确的系统建模并不是描述复杂系统的合理方法，因为即使是相对详细的建模其不确定性和成本也可能很高，造成与更简单的建模相比，该缺点变得难以承受。因此，系统级建模越来越得到广泛应用，这使得一种跨学科的工程方法得到了有力支撑。

系统级模型需要特定的方法、语言和工具支持多视图建模，以促进跨学科综合。更一般地说，这一目标可以通过基于物理架构的多领域模型实现（客观上促进了基于模型的系统工程支持的工具的使用）。

9.4.1 面向物理架构的建模环境

复杂系统（如飞行器）的设计涉及机械、电子、控制、热、电源、推进、测控等不同领域之间的相互耦合，现阶段多领域仿真主要借助单一领域的软件建立单一学科的模型，通过软件之间的接口集成实现对系统的仿真，可以解决单学科仿真及部分学科的联合仿真，但是不能很好地支持系统级的建模和仿真；也不能完整地反映飞行器不同层次、不同单机的多学科特性，在提供同时反映单机级多学科特性与整体多学科特性的层次化仿真模型方面存在不足。

近年来兴起并迅猛发展的以 Modelica 为代表的多领域统一建模与仿真技术，通过不同领域模型的一致表述，支持多领域复杂产品的统一建模。基于 Modelica 的多领域统一建模技术已经成为国际上基于模型的系统工程（MBSE）的系统仿真的标准技术，Modelica 系统模型为飞行器的系统级设计、分析与优化奠定了模型基础。目前，Modelica 作为物理系统建模标准已经在以德宇航为代表的世界航天航空工业界得到了全面应用。基于多领域物理系统的统一建模语言 Modelica，构造与物理系统对应的虚拟模型系统，将物理过程和计算过程统一，将硬件与软件统一。模型可以做到从分系统级逐渐分解到部件级，又能运行到统一的体系结构中，便于从系统的视角对整个系统进行验证和优化。

具体而言，复杂系统的功能知识模型可以采用多领域物理统一建模语言 Modelica 进行表示。

如图 9-7 所示，根据系统研发的形态、阶段、状态等设计因素，对于功能模型的建模可以从原理设计和过程设计两方面加以阐述。

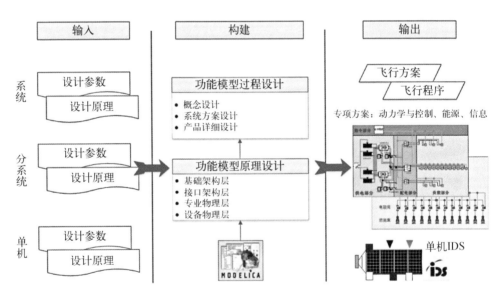

图 9-7 多领域功能模型实现

1. 功能模型原理设计

复杂系统（如飞行器）作为一个多领域多层次的复杂系统，在研制过程中，其所对应的功能模型的设计不仅要考虑模型架构需与物理架构相对应，保证信息的统一性和应用的直观性，而且也要考虑到不同专业模型之间较好的独立性，保证团队更好地分布式协作。因此，在功能模型设计过程中，需综合考虑模型架构、行为和接口几大因素。

（1）模型架构：在功能设计的某个具体阶段，采用 Modelica 语言建立的功能模型应将该阶段的每个最小研究单元作为一个模块，所有模块需要与研究原理图中的内容相对应，并且体现完整的逻辑关系。

（2）模型行为：在功能设计的某个具体阶段，模型中采用的整体行为方程首先应满足系统在该阶段特定的研究需求，其次考虑不同行为方程的类型，如控制、机械、电子等专业的方程类型。

（3）模型接口：在功能设计的某个具体阶段，针对不同的研究侧重点，接口可分为两种类型，即设备接口和专业接口。设备接口能全面地反映设备与外界的交互变量，可由一个或多个专业接口组成；专业接口往往只反映具体某个专业的变量传递关系，如特定的机械接口、电学接口和控制接口等。

基于上述定义，对功能模型的原理进行设计，该框架主要包括基础架构、接口架构、专业物理和设备物理四个层次。

（1）基础架构层：体现整个系统的组成信息和逻辑关系。

（2）接口架构层：在基础架构层基础上，体现系统组成之间的信息传递关系。

（3）专业物理层：在接口架构层基础上，体现系统组成的行为表现。

（4）设备物理层：集成所有专业物理层的接口和行为信息。

如图 9-8 所示，可根据不同专业研究的需求，在基础架构模型的基础上，通过添加对应的专业接口形成接口架构模型，再在接口架构模型的基础上通过添加专业行为方程形成专业物理模型；最后，对于总体研究层面，不仅需要全面地获取系统信息，并且其往往以设备作为研究对象，而研究的设备一般包含了多个专业的信息，故在模型设计过程中，还需要考虑单个专业模型向设备模型的集成问题，设计思路是专业物理模型通过接口和行为方程叠加的方式形成一个设备物理模型。

2. 功能模型过程设计

产品设计过程一般可分为三个阶段，即概念设计、系统方案设计和产品详细

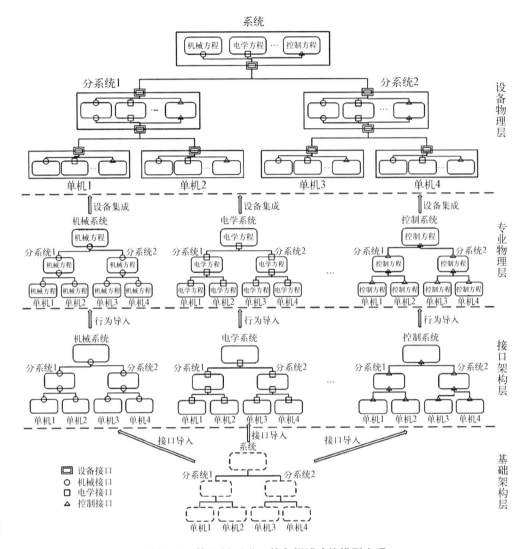

图 9-8　基于 Modelica 的多领域功能模型实现

设计。从原理研究到总体设计再到详细设计，模型的应用要求从原理逻辑分析到系统综合设计再到设备详细设计，促使模型的架构不断细化，模型的行为方程不断增加和深化，模型的接口不断扩充。

概念设计阶段主要是对产品的原理和基本组成进行设计和验证，模型主要侧重于系统功能逻辑抽象层面的描述，而不是具体设备层面的描述，因此可按照不同的学科专业分开进行不同专业功能模型的建模和验证。只有针对原理上存在强耦合的专业，才进行多学科的联合建模。专业功能模型的模块划分和图形界面应以能让设计师直观了解系统原理为目的来建立，因此可充分借鉴各专业设计师熟悉的专业原理图的形式建立模型的图形界面，如控制回路原理图、推进原理图等。

系统方案设计阶段需要对系统功能进行各专业的综合设计，最终确定系统的设备组成和连接关系，以及产品的运行方案。系统设计阶段还需要对各学科专业分别进行专业设计，因此分专业的功能模型仍然是必需的。这一阶段的系统专业模型可以在概念设计阶段专业模型的基础上发展得到，特别是各专业的设备确定后，可建立包含该专业所有组成设备的功能模型，开展综合分析验证。除了完善专业功能模型外，系统设计阶段更为重要的是建立产品的初步全系统功能模型。由于系统设计阶段将确定系统的设备组成和设备间的连接关系，因此全系统功能模型应包含系统所有设备，模型中设备模块的连接关系应与真实系统的连接关系保持一致。每个设备模型都应进行多学科建模，除包含该设备主要专业的功能模型外，还应包含其他涉及的专业功能模型，以体现系统的综合性能。

详细设计阶段，在系统设计方案阶段的基础上进一步做到对设备接口和系统行为的保真化，能够将接口控制文档（interface control document，ICD）中的接口信息、CAD 中的设计结果和与所有验证指标项对应的行为方程真实地体现到模型中，从而使专业功能模型变得更加深入，设备模型变得更加全面。

9.4.2 可重用的模型库组织实现

物理架构的实现是一个随着系统生命周期演进的过程。以航天器供配电系统为例，飞行器的工作任务以及与多方系统的耦合程度，直接决定了设计过程的复杂程度。而以往型号设计过程的经验与设计方案可作为知识成果固化，可不断将利益攸关方需求和新的系统需求扩充至现有数据库中，不断丰富总体设计功能库与产品库，支撑飞行器的物理架构快速验证。

面向物理对象的多领域物理建模语言 Modelica 依靠规范化的层次结构和陈述式的表达方式，支持多层化、多角度的系统设计，可以有效地解决复杂系统设计问题，从系统层面上实现复杂系统的知识规范化表达。

合理规划模型层次结构、模型接口并合理抽象模型行为，在最大程度上消除或弱化强耦合、非线性问题，便于各系统及系统间的快速集成，并支持模型的可重用、可扩展。一个典型的层次化模型架构如图9-9所示。

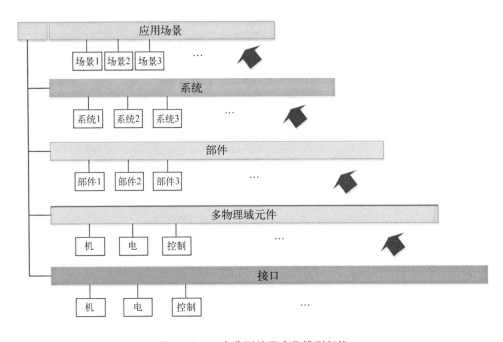

图9-9 一个典型的层次化模型架构

通常来说，层次化模型架构由五个逐层关联的层次组成。

（1）应用场景层：最后的应用场景就是系统模型根据不同的需求和任务而生成的。

（2）系统层：多个相互关联的组件模型组成子系统模型实现系统特定功能。

（3）部件层：各领域的元件按照真实物理系统的拓扑结构"制造"出与物理系统一一对应的部件模型。

（4）多领域层：基于接口的多领域物理架构是组成物理部件的各领域元件。

（5）接口层：整个模型库的起点，包含机、电、液、控在内的各领域的所有接口。

虽然早期的系统模型库通常按照机、电、控等专业划分进行建设，实现了不同专业的模型解耦，但单专业模型内部仍然为强耦合关系，当系统装置发生变化或系统需求发生变化时，经常需要对模型内部进行"大手术"，模型的重用性较低，并且扩展性不强。因此，模型库要可重用、可扩展，为后期基于模型的多领域物理系统设计验证奠定基础。

可重用的模型库将按照与物理架构一致的产品结构进行划分，规划模型接口，确定模型最小粒度，实现功能模型的可组装、可重用。

以飞行器供配电系统为例，支持可重用的模型库组织技术的核心是建立结构化、层次化的仿真模型库，自底向上可划分为基础库、通用库和型号库。

基础库包含模拟电路、数字电路等基础的电学仿真单元。模拟电路部分涵盖了电学的基本元件（电阻、电容等）、半导体元件（二极管、双场晶体管、回转器等）、理想元件（开关、二极管等）、电源（可控电压电源、可控电流电源等）、传感器（电压传感器、电流传感器等）。数字电路包括了延时、基本逻辑元件、各类门元件等。

通用库基于基础库搭建，主要包括用于能量平衡仿真的通用设备模型。其对设备的共性部分进行建模，将可变部分暴露到外层并参数化。通用库包括供电模型、配电模型、负载模型、接口电路、公用算法组件、模型图标等。供电模型包括太阳能电池设备、蓄电池设备；配电模型包括电源控制器设备、配电器设备等。各设备模型描述了设备的通用属性和行为，与型号无关。

型号库是构建系统仿真模型直接调用的模型库。其基于通用库，利用 Modelica 面向对象的语言特点，通过模型继承、接口继承、变量继承、方程继承，最后注入型号参数，得到型号模型库。

1. 模型库设计

供配电模型库由通用模型库和多个型号模型构成，如图 9 – 10（a）所示。通用模型与型号模型库的关系如图 9 – 10（b）所示。基于通用模型，进行模型继承、接口继承、变量继承、方程继承，并注入型号参数，可得到型号模型库。

通用模型库由通用的设备、组件、算法、函数等模型构成，描述设备的通用属性和行为，与型号无关。如图 9 – 11（a）所示，通用模型库包括供电模型、

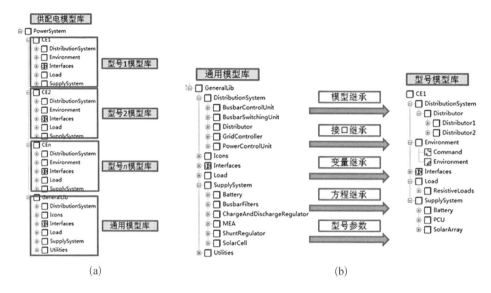

图 9 - 10　模型库设计
（a）供配电模型库；（b）通用模型与型号模型关系

配电模型、负载模型、接口电路、公用组件、模型图标等模型库组成。型号模型库中的设备模型描述了设备的型号信息，因此型号模型库是构建系统仿真模型直接调用的模型库。如图 9 - 11（b）所示，型号模型库由供电模型、配电模型、负载模型、环境模型、接口电路等模型库构成。

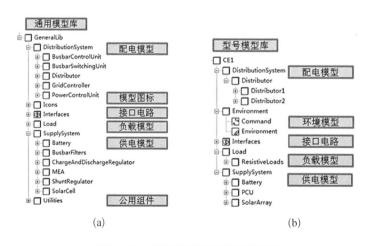

图 9 - 11　通用模型库和型号模型库
（a）通用模型库；（b）型号模型库

2. 模型库分层设计

供配电系统的设计是以设备为基本单元的，物理架构的描述也是以物理元素为基本单元的，因此系统的基本单元是设备模型。如图 9-12 所示，供电模型包括蓄电池模型、电源控制器模型、太阳电池模型，分别与蓄电池设备、电源控制器设备、太阳电池设备对应。

图 9-12　模型划分

以蓄电池模型为例，建立了系统层蓄电池模型、设备层蓄电池模型、电路层蓄电池模型。系统层蓄电池模型用于方案论证阶段，对蓄电池的整体功能进行验证；设备层蓄电池模型用于方案设计初期，对蓄电池内部的组成模块的功能进行验证；电路层蓄电池模型用于详细方案设计，对蓄电池电路元器件级别的功能进行验证。

如图 9-13 所示，系统层、设备层、电路层三个层次的模型的关系如下。

（1）系统层的指标可构建相应的系统层模型，通过对系统层模型的仿真，验证设计是否满足系统层指标。

（2）每个系统层指标可分解为若干设备层的指标。

（3）设备层的指标可构建相应的设备层模型，通过对设备层模型的仿真，验证设计是否满足设备层指标。

（4）每个设备层指标可分解为若干电路层的指标。

（5）电路层的指标可构建相应的电路层模型，通过对电路层模型的仿真，验证设计是否满足电路层指标。

3. 模型接口分层设计

为了与设备的设计建立完全一致的仿真模型，模型的接口定义与物理架构定义的接口保持一致。

由于在不同的设计阶段，对设备接口以及设备之间连接关系的颗粒度有不同的要求，因此模型的接口定义分为三个层次，分别为系统层、设备层、电路层。系统层的接口用于在方案论证阶段描述设备之间粗略的供配电关系及功率流向；

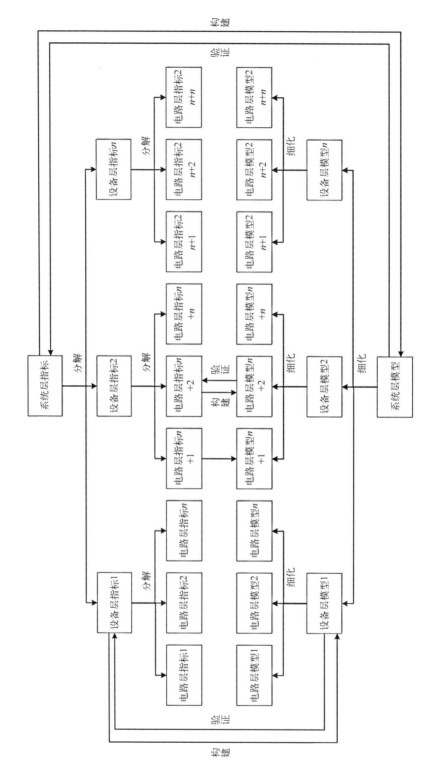

图 9 − 13　系统层、设备层与电路层之间的关系

设备层的接口用于在方案设计初期描述设备之间逻辑层面的供配电关系及功率流向；电路层的接口用于在详细方案设计阶段描述设备之间的管脚级别的供配电关系及功率流向。

系统层、设备层、电路层三个层次的接口关系如下。

（1）由系统层的交互变量可抽象出系统层的接口，通过系统层模型的仿真，系统层接口可反映系统层交互变量的情况。

（2）每个系统层的交互变量可分解为若干设备层的交互变量。

（3）由设备层的交互变量可抽象出设备层的接口，通过设备层模型的仿真，设备层接口可反映设备层交互变量的情况。

（4）每个设备层的交互变量可分解为若干电路层的交互变量。

（5）由电路层的交互变量可抽象出电路层的接口，通过电路层模型的仿真，电路层接口可反映电路层交互变量的情况。

4. 模型原理分层

模型的原理来源为理论公式、经验公式、实验数据。模型支持基于理论公式，以方程（组）描述的方式作为模型原理；模型支持基于经验公式，以模拟函数描述的方式作为模型原理；模型支持基于实验数据，以插值表读取实验数据的方式作为模型原理。

由于不同的设计阶段对设备功能特性的抽象粗细要求不同，因此将模型的原理分为三层，分别为系统层、设备层、电路层。系统层的原理描述设备的整体行为特征，而并不关注设备内部的细节；设备层的原理描述设备的组成模块的行为特征，而并不关注电路元器件的具体表现；电路层的原理描述设备内部所有电路元器件的行为特征，全面表达设备的功能特性。

系统层、设备层、电路层三个层次的原理关系如下。

（1）由系统层原理可实现系统层行为的构建，并通过系统层模型的仿真，验证系统层行为对系统层原理的满足情况。

（2）每个系统层原理分解为若干设备层原理。

（3）由设备层原理可实现设备层行为的构建，并通过设备层模型的仿真，验证设备层行为对设备层原理的满足情况；每个设备层原理分解为若干电路层原理。

（4）由电路层原理可实现电路层行为的构建，并通过电路层模型的仿真，验证电路层行为对电路层原理的满足情况。

5. 模型参数分层设计

由于不同设计阶段对设备的约束范围是不同的，因此将设备模型的参数分为三个层次，分别为系统层、设备层、电路层。系统层的模型参数是在方案论证阶段，描述设备的整体约束；设备层的模型参数是在方案设计初期，描述设备内部组成模块的约束；电路层的模型参数是在详细方案设计阶段，描述设备内部元器件的约束。

系统层、设备层、电路层三个层次的参数关系如下。

（1）由系统层指标可设置系统层参数，通过对系统层模型的仿真，验证系统层参数对系统层指标的满足情况。

（2）每个系统层指标分解为若干设备层指标。

（3）由设备层指标可设置设备层参数，通过对设备层模型的仿真，验证设备层参数对设备层指标的满足情况。

（4）每个设备层指标又分解为若干电路层指标。

（5）由电路层指标可设置电路层参数，通过对电路层模型的仿真，验证电路层参数对电路层指标的满足情况。

9.4.3 多领域架构生成与仿真

物理架构提供了组成系统的物理元素和接口信息。对于复杂系统，物理架构具有信息量大、设备多、连接关系复杂等特点，采用人工构建多领域模型的方式势必造成工作量巨大、易出错、验证周期长、效率低等问题，这就需要实现从物理架构中自动提取电气特性参数、接口和拓扑关系信息等，自动生成相应的层次化模型库和系统仿真模型。

以飞行器的供配电系统为例，物理架构提供系统的物理属性，如机械特性、热特性等。通过提取电气特性参数、设备间的电气传输路径，利用 Modelica 物理建模机制，将设备拓扑连接关系转换为供配电系统仿真模型框架。

1. 技术实现

首先，基于 9.4.2 节建立的供配电基础模型库转换生成封装类模型，包括封装电连接器类型、电阻类型、环境工况类型、控制开关类型等基础类型。建设过程根据 Modelica 语义进行建设。

其次，提取物理架构中的供配电相关数据信息，根据物理架构组织关系，按照分系统对设备对象进行组织，提取一台设备的接口属性后，在对应分系统下封装生成相应的设备模型类，如图 9 - 14 所示。根据提取的电学特性信息和接点信息，按照 Modelica 语义对封装类型进行参数定义、外部接口定义和方程定义等。

```
model Load1 "负载1模型"

  parameter Modelica.SIunits.Power PowerLoad = 20 "额定功率";
  parameter Modelica.SIunits.Voltage V_rated = 29 "输入额定电压";
  parameter Modelica.SIunits.Voltage Vset = 29 "输出额定电压";

  //电连接器
  Interfaces.Special.X01 X01[2]
    annotation (Placement(transformation(extent = {{-26.18, -26.18}, {26.18, 26.18}}, rotation = 90, origin = {-106, 10})));

  //控制开关
  Modelica.Blocks.Interfaces.BooleanInput control "true => p--n connected, false => switch open"
    annotation (Placement(transformation(extent = {{-20, -20}, {20, 20}}, rotation = 270, origin = {0, 100})));
  annotation (Icon(graphics = {...]
equation

end Load1;
```

图 9 - 14　封装类型 Modelica 代码示例

（1）封装类命名约定：封装类命名和物理架构设备命名一致，如架构中 Battery 为设备名，则封装类名为 Battery，按照 Modelica 语义进行命名。

（2）电学参数定义：提取架构中定义的电学特性，按照 Modelica 语义依次对其进行参数声明，如提取架构中定义的额定功率，声明参数 parameter Modelica. SIunits. Power power；提取架构中定义的额定电压，声明参数 parameter Modelica. SIunits. Voltage；提取架构中定义的电阻率，声明参数 parameter SI. Inductance L；等等。

（3）外部接口定义：提取架构中定义的电连接器及接点信息，按照 Modelica 语义依次声明外部连接接口，如设备中存在接插件 X01，并且具有 16 个接点的连接关系，则声明为 Interfaces. Special. connector X01。

（4）控制开关定义：控制开关为 Boolean 类型输入变量，用于控制设备的开关情况，按照 Modelica 语义声明为 Modelica. Blocks. Interfaces. BooleanInput control，变量名统一为 control。

（5）方程定义：按照 Modelica 语义声明各方程框架，供用户填写设备方程原理以及对外部接口的连接方程。根据上述方式，依次对架构中的接口进行封装，得到相应的接口数据封装模型库。

最后，提取物理架构中的设备（物理元素）连接关系（即接点连接关系），调用生成的模型库，生成系统仿真模型框架，如图 9 - 15 所示。系统模型框架主要包括系统外部输出参数、设备对象定义、环境模型定义、连接方程定义。

2. 流程算法

物理架构转换为供配电系统仿真模型框架流程，如图 9 - 16 所示，算法描述如下。

（1）以供配电系统的物理架构为数据源输入，进行转换处理。

（2）依次遍历各物理元素，判断各接口是否遍历完成，未完成则作为当前接口进入下一步，否则进入步骤（7）。

（3）从当前设备（物理元素）中提取出电气对象信息，包括分系统、设备、电连接器等电气对象的组织关系及其电气特性参数等信息。

（4）检索判断模型库层次结构是否存在与当前接口对应的 Modelica 封装类型，如果不存在，则进入下一步，否则进入步骤（6）。

（5）在模型库层级中建立当前设备对应的新的封装类型，并根据映射协议，依次声明电器特性参数、对外接口连接、方程框架等。

（6）从模型库中调用封装类型，在系统模型框架中声明该类型的对象实例，完成后进入步骤（2）。

（7）提取接口接点分配关系信息，包括接点与接点的连接关系、信号类型、线型、用线要求、电流电压等。

（8）依次遍历接口分配关系，判断接点分配关系是否遍历完成，未完成则作

```
1    model Design_System
2      output Real Solar = environment.y "光照强度";
3      output SI.Voltage V_Bus = powersystem.V_Bus "母线电压";
4      output SI.Current I_Bus = powersystem.I_Bus "母线电流";
5      output SI.Power P_Solar = powersystem.P_Solar "太阳能电池阵输出功率";
6      output SI.Power P_Load = powersystem.P_Load "总负载功率";
7      output SI.Voltage V_Battery[2] = powersystem.V_Battery "电池组电压";
8      output Real DOD[2] = powersystem.DOD * 100 "蓄电池组放电深度";
9      output Real SOC[2] = powersystem.SOC "蓄电池组荷电状态";
10     output SI.Power P_BatteryIn = powersystem.P_BatteryIn "蓄电池组总的充电功率";
11     output SI.Power P_BatteryOut = powersystem.P_BatteryOut "蓄电池组总的放电功率";
12     output SI.Power P_GNC = GNC.Power.Power "GNC分系统总功耗";
13     output SI.Power P_DataTrans = DataTrans.Power.Power "数传分系统总功耗";
14     output SI.Power P_Measure = Measure.Power.Power "测量分系统总功耗";
15     output SI.Power P_DataManage = DataManage.Power.Power "数管分系统总功耗";
16     output SI.Power P_Propulsion = Propulsion.Power.Power "推进分系统总功耗";
17 ⊟   annotation (
18 ⊞     Icon(coordinateSystem(extent = {{-100.0, -100.0}, {100.0, 100.0}}, [...]
30 ⊞     Diagram(coordinateSystem(extent = {{-400.0, -300.0}, {400.0, 300.0}}, [...]
31
104 ⊞  CE.Design.Load.Load_Design_System.LoadSystem_GNC GNC([...]
107 ⊞    annotation ([...]
111 ⊞  CE.Design.Load.Load_Design_System.LoadSystem_DateTrans DataTrans([...]
114 ⊞    annotation ([...]
118 ⊞  CE.Design.Load.Load_Design_System.LoadSystem_DateManage DataManage([...]
121 ⊞    annotation ([...]
125 ⊞  CE.Design.Load.Load_Design_System.LoadSystem_Measure Measure([...]
128 ⊞    annotation ([...]
132 ⊞  CE.Design.SupplySystem.PowerSystem powersystem(battery_device(SOCini = 0.95), [...]
134 ⊞    annotation ([...]
138 ⊞  Environment.Environment environment(SolarInputType = 1, [...]
143 ⊞  CE.Design.Load.Load_Design_System.LoadSystem_Propulsion Propulsion([...]
146 ⊞    annotation ([...]
150    inner ParameterSet.Parameter_Device parameterset
151 ⊞    annotation ([...]
155  equation
156    connect(environment.y, powersystem.G)
157 ⊞    annotation ([...]
163    connect(powersystem.Power, GNC.Power)
164 ⊞    annotation ([...]
168    connect(powersystem.Power, Measure.Power)
169 ⊞    annotation ([...]
173    connect(powersystem.Power, Propulsion.Power)
174 ⊞    annotation ([...]
```

图 9-15　最终生成的多领域模型框架的 Modelica 代码

为当前接点分配关系进入下一步，否则进入步骤（10）。

（9）根据接点分配关系信息，在系统模型框架中声明相应对象实例连接方程，完成后进入步骤（8）。

（10）在系统模型框架中声明外部输出参数，包括母线电压、母线电流、总负载功率、蓄电池荷电状态等；声明环境参数，包括光照强度、轨道周期、太阳高度角等，生成供配电系统仿真模型框架完毕。

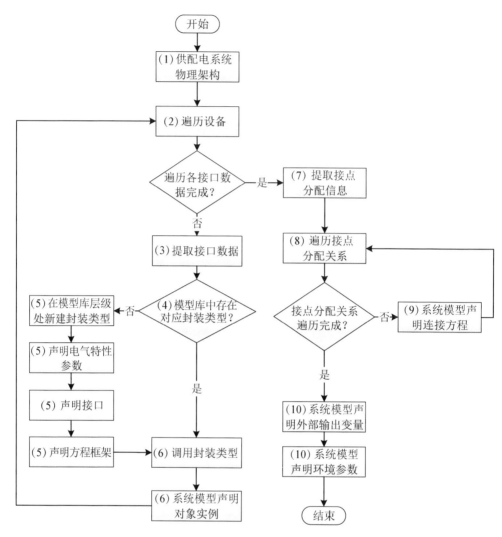

图 9-16　从物理架构到多领域模型框架的转换流程

3. 模型与仿真结果

依据供配电系统物理架构，自动生成与系统设计对应的验证仿真架构，如图 9-17 所示。

构建供配电系统多领域模型之后，将环境数据（包括轨道数据和光照数据）作为输入进行仿真分析，调用验证数据（设计数据、试验数据、历史遥测数据和仿真数据）分析仿真结果，验证设计方案，如图 9-18 所示。

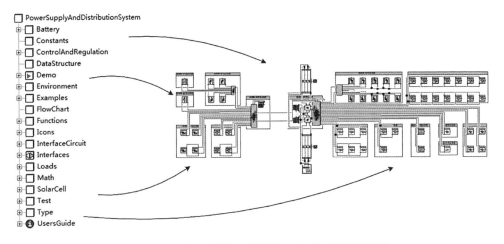

图 9-17 自动生成的与系统设计对应的验证仿真架构

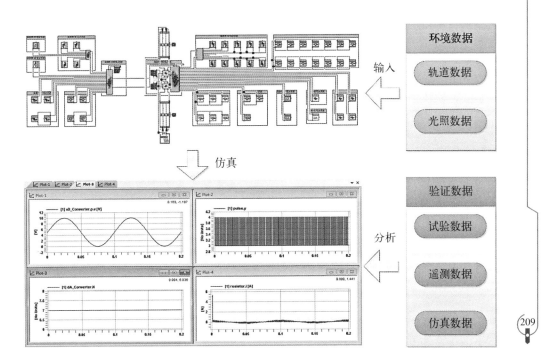

图 9-18 基于多领域模型的仿真验证

9.5 总结

物理体系结构是系统及其组件在模式中的物理布局，它指的是系统物理元素的结构或组织的某种表示形式。物理体系结构的开发由一个或多个物理解决方案的逻辑视图组成。逻辑视图可能包括概念设计图、示意图和方框图，以界定系统的形式和系统组件及相关接口的安排。物理体系结构的开发是一个迭代和递归的过程，将与需求和功能体系结构一起发展。当系统被分解到最低层级的系统元素时，物理架构的开发就完成了，在这个过程尽早识别出设计驱动因素是至关重要的。因此，确定驱动需求和组合过程（涉众需求定义、需求分析和体系结构设计）将在开发生命周期的早期提供对风险的关键洞察，从而允许采取规避或者减轻策略。

参考文献

［1］WILBUR L C. Handbook of energy systems engineering：production，and utilization ［M］. New York：Wiley，1985.

［2］INCOSE. Guide to the systems engineering body of knowledge（SEBoK），version 2. 7 ［EB/OL］.（2022 - 10 - 31）［2023 - 05 - 29］. https：//sebokwiki. org/w/images/sebokwiki-farm! w/9/9d/Guide_ to_ the_ Systems_ Engineering_ Body_ of_ Knowledge_ v. 2. 7. pdf.

［3］BASS L，CLEMENTS P，KAZMAN R. Software architecture in practice ［M］. Third Edition. Upper Saddle River：Addison-Wesley Professional，2012.

［4］RAIZMAN D. History of modern design：graphics and products since the industrial revolution ［M］. London：Laurence King Publishing，2003.

［5］ZEIGLER B P，MUZY A，KOFMAN E. Theory of modeling and simulation：discrete event and iterative system computational foundations ［M］. Third

Edition. London：Academic press，2000.

［6］BAHILL A T，MADNI A M. Tradeoff decisions in system design ［M］. Berlin：Springer，2017.

［7］冯晓林，戴卫兵，彭国金.C919飞机航空总线采集和实时分析技术 ［J］.飞行力学，2016，34（5）：73－76.

［8］赵永库，李贞，唐来胜.AFDX 网络协议研究 ［J］.计算机测量与控制，2012，20（1）：8－10+30.

［9］SHETTY D，KOLK R A. Mechatronics system design ［M］. Second Edition. Stamford：Cengage Learning，2010.

第 3 部分　案　例　篇

第 10 章　MBSE 主要工具

本章重点介绍 MBSE 的几种主要工具，用于支持 MBSE 的建模流程。

10.1　SysML 类工具

对象管理组织（OMG）决定在对 UML 2.0 的子集进行重用和扩展的基础上，提出一种新的系统建模语言 SysML[1]，作为系统工程的标准建模语言。和 UML 是软件工程中使用的统一建模语言一样，SysML 的目的是统一系统工程中使用的建模语言。

SysML 定义了九种基本图形表示模型的各方面。SysML 中的图形分类如图 10－1 所示。其中：结构图通过模块定义图、内部接口图、包图表现系统各组件之间的分解、聚合和继承等组织关系；行为图通过活动图、序列图、状态机图、用例图表现系统的行为序列和状态转换等；需求图表现需求之间的追溯性等逻辑关系，并将需求映射到其他图；参数图表现系统组件参数之间的数学关系和逻辑关系。

基于 SysML 本身的语言元素可以进行自定义的扩展开发，以形成支持某个特定领域的"领域相关建模语言"。例如，针对飞机系统设计，基于 SysML 基本建模元素可以开发适合描述飞机系统场景分析、需求建模、功能分析和架构设计综合的建模元素库，用概要（Profile）文件表达。

215

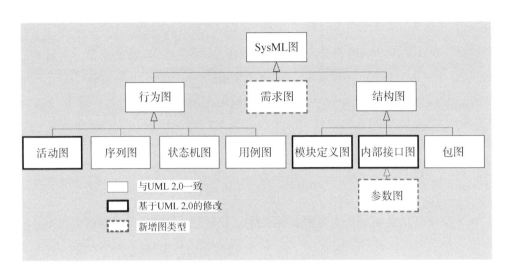

图 10 - 1 SysML 中的图形分类

10.1.1 Rhapsody

IBM Rational Rhapsody[2] 可以促成不同的设计小组有效协作，设计协作范围包括理解并详细阐述需求、合理抽象系统的复杂性、通过标准建模语言（包括 UML、SysML、AUTOSTAR、DoDAF、MoDAF、UPDM 等）对系统进行可视化的表达、在系统研制早期对功能性进行确认、生成设计原型等。

在 MBSE 领域，Rhapsody 的能力包括但不限于以下几个方面：

（1）支持 SysML 等语言规范的综合性需求分析和建模。

（2）对 SysML 参数图的动态分析和执行。

（3）对 SysML 结构图和行为图的仿真。

（4）全生命周期的数据追溯性保持和分析。

（5）静态模型检查。

在系统开发和软件设计领域，Rhapsody 支持的具体功能如下。

1. 支持 UML 2.0

支持 UML 2.0 的增强功能。如今 Rhapsody 更加适用于系统建模，增强了实时建模关注的在调度、性能、时间上的扩展；支持 UML 2.0 新增的关键内容，如端口、信息流、序列图增强、概要等。

2. 支持面向功能分解的结构化建模方式

在国防、航天航空、通信、汽车、医疗领域，Rhapsody 广泛应用于系统建模，系统建模无须关注软件实现的细节，更关注高层的功能划分、结构分解、行为规范和需求分析。Rhapsody 为系统工程师提供模块图捕获总体系统结构。

3. 模型/代码的相关性

模型/代码相关是 Rhapsody 特有的技术。软件代码实现不再是一个单独依靠手工编写的过程。在 Rhapsody 中，软件代码可以由模型动态生成；反之，代码的修改也可以反映到模型中。模型可以产生高质量的代码，这种代码既可以作为系统模型验证的代码，也可以是系统最后提交的代码，并且这些简洁、可读性强的代码可以在其他商业集成开发环境中很容易地被调试。

4. 可执行的模型

Rhapsody 可以让 UML 模型运行起来，即 Rhapsody 代码在目标机上运行的同时，运行情况动态反馈到设计模型中，如基于状态图的断点设置、在顺序图上捕捉不同对象之间的消息映射等。在进行设计级调试时，Rhapsody 支持与代码级调试工具进行联合调试。通过模型级/代码级联合调试、验证，能够直观、尽早发现系统的设计错误或缺陷，从而较早地降低项目风险。

5. 实时框架

一般嵌入式应用中有 60%~90% 的代码用于内务处理，如状态机的实现、任务间的通信、容器类的实现、设计模式的应用、时钟机制的运用等。这些代码被反复编写，耗费了程序员的大量精力。在 Rhapsody 中，这些代码可以通过实时框架自动实现。实时框架是一个垂直框架，提供了一套为嵌入式和实时应用专门选择和优化的设计模板。实时框架使设计的模型与操作系统无关，通过实时框架，应用程序可以方便地从一个实时操作系统移植到其他的操作系统。同时，实时框架可以被配置和扩展，以适应用户自己特别的操作系统和中间件。

6. 逆向工程

Rhapsody 可以很方便地把利用其他工具开发产生的代码引入模型中，作为模型的一部分，从而提高开发效率，提高已有技术的利用率。

7. 文档自动生成

Rhapsody 可以生成高质量的中文文档，可以生成软件应用所需的框架结构、运行库、编译文件、通信方式、实施策略等，而且模型和代码的一致性更保证了文档和代码的一致性，为顺利完成开发、积累后期经验提供了很好的平台。通过定制模板，可以生成适合具体工作要求的文档。

8. 需求管理

在项目的整个生命周期中，捕获、跟踪与管理用户需求及需求变化的流程是项目成功的基础。Rhapsody 6.0 提供了需求管理套件 GateWay，可以编辑、跟踪和管理项目中建立起来的所有需求，以保证产品结果符合客户定义的需求，与 Word、Excel 和 PDF 有很好的集成。需求管理在开发周期中是自始至终都存在的，而且需求管理与项目管理是密不可分的。有明显的事实可以说明，减少需求的错误对应用软件开发人员实现按时且在预算内交付高质量软件的目标是最有效的行动。为了构建高质量的系统，首先必须定义需求，然后通过开发满足需求。需求不仅对技术人员很重要，对其他人员也很重要。

10.1.2　MagicDraw

MagicDraw[3] 是美国 No Magic 公司的产品，目前已被达索收购，并融入 3DExperience 产品协同与研发管理平台中，广泛应用于汽车、能源等领域。该工具是一个行业先进的跨平台的基于模型系统工程的开发环境，提供强大的 MagicGrid 系统工程方法和不同视角的 SysML 系统模型，支持工程师进行需求验证、设计决策权衡、模型一致性检查及需求追溯分析。

MagicDraw 产品功能如下。

（1）MagicGrid 方法学。No Magic 基于 INCOSE OOSEM 方法学和工程实践提出了适用于复杂机电系统工程开发的 MagicGrid 方法学。MagicGrid 将工程问题分为问题、解决方案、实现三个阶段，每个阶段对应需求、行为、结构和参数四种视图，通过模型的不断演化、迭代递增实现复杂机电系统的系统设计。

（2）需求建模及需求工具集成。MagicDraw 支持与需求管理工具的集成；支持需求覆盖率分析、需求变更影响分析；支持生成需求追溯矩阵。

（3）仿真分析功能。MagicDraw 提供模型执行框架和基础框架（OMG fUML等）；支持模型调试和执行动画环境；支持用户交互界面建模和执行；内嵌求解器，支持与专业数学分析工具集成（MATLAB/Simulink 等）。

（4）设计优化功能。MagicDraw 提供 SysML 参数模型和多学科分析模型接口，支持需求验证、权衡对比分析、设计空间探索、自动设计优化等功能。

（5）自动代码生成功能。MagicDraw 支持 C/C++、Java、C#语言，能够由系统行为模型自动生成可执行代码，支持代码的仿真及目标环境执行功能。

（6）自动文档生成功能。MagicDraw 支持用户报告模板定制，可以由模型自动生成报告文档，支持 Office、XML、TXT 等格式。

（7）团队协同工作支持功能。MagicDraw 支持多个用户在同一个项目的团队协作，包括成员之间数据同步及消息发送；支持项目权限管理、项目变更管理；支持将项目发布到服务器，供全球分布的项目团队成员校对、审核、审定和批准等工作。

10.1.3　Capella

Capella[4] 是一个基于 Arcadia 方法和语言的工具。

Arcadia 方法包括四个视点：运行分析（operation analysis，OA）、系统分析（system analysis，SA）、逻辑分析（logical analysis，LA）、物理分析（physical analysis，PA）。

1. OA：问题的定义——客户运营需求分析

OA 视点侧重于分析客户需求和目标，预期任务和活动。

该工程阶段的输出主要由"运行架构"组成，该架构描述并构造了参与者/

用户，其运行能力和活动。

2. SA：系统需求的形式化——系统需求分析

SA视点集中于系统本身，以定义系统如何满足以前的运行需求，以及其预期的行为和质量。在此步骤中创建以下元素：要支持的功能（或服务）以及相关的交互项、非功能性约束（安全性等）、系统与运行员之间的角色共享和交互、使用场景等。

此阶段的主要目标是检查客户需求的可行性（成本、进度、技术成熟度等）。

该工程阶段的输出主要包括系统功能需求描述（功能、功能链、方案），与用户和外部系统的互操作和交互（功能、交互项以及非功能约束）以及系统需求。

值得注意的是，前两个阶段构成了系统架构设计的第一部分，并且"指定"了后续设计，因此应由客户批准/验证。

3. LA：解决方案架构的定义——逻辑架构（名义解决方案）

LA视点旨在构建针对系统的颗粒度合适的工程解决方案。从先前的功能和非功能需求分析开始，首先执行解决方案预期行为的定义（使用功能、接口、数据流、行为等）。为了嵌入这些功能，需要将系统的一个或多个功能组合构建为逻辑组件，将每个功能都分配给一个组件。这些逻辑组件以后将倾向于成为开发/分包、集成、重用、产品和配置管理项目定义的基本分解结构。

该工程阶段的输出包括候选的逻辑架构。由于必须根据需求分析对架构进行验证，因此还将生成对需求和运行方案的追溯。

4. PA：解决方案架构的定义——物理架构

PA视点与逻辑架构构建具有相同的意图，不同之处在于它定义了此工程级别的系统的"最终"架构。一旦架构完成，就认为该模型已准备好开发。因此，它引入了更多的细节和设计决策，特别是引入了嵌入以前的行为组件的资源组件，同时使用与逻辑架构构建相同的视点驱动方法。

该工程阶段的输出包括选定的物理架构，包括要生产的组件；还产生了对需求和运行方案的追溯。

支持 Arcadia 方法落地应用的建模环境为 Capella。Capella 支持 Arcadia 中的 OA、SA、LA 和 PA 等视点中的关键元素。Capella 采用了与 SysML 类似但有所不同的定制化建模语言，即 Arcadia 语言。Arcadia 语言中的关键元素如下。

（1）运行架构图。运行架构图用于运行分析，它捕获了运行活动对运行实体的分配。运行过程可以呈现为突出显示的路径。

（2）功能图表。功能图表可在所有 Arcadia 工程阶段使用，但在运行分析和系统需求分析中特别有用。功能类似于 UML 用例，它们由数据流、功能链和顺序图说明。

（3）架构图。在所有 Arcadia 工程阶段都使用架构图，主要目的是展示功能在组件上的分配。功能链可以呈现为突出显示的路径。在系统需求分析中，这些图包含一个框，代表正在研究的系统以及参与者。在逻辑架构中，这些图显示了系统的构建块，称之为逻辑组件。在物理架构中，这些图还显示了行为组件到实现组件上的分配（通常是实质性的，但不是必需的）。

（4）树形图。树形图表示功能或组件的分解。每个节点都可以折叠/展开。

（5）序列图。Capella 提供了几种序列图：功能方案（生命线是功能）、交换方案（生命线是组件/角色，而序列消息是功能或组件交换）、接口方案（生命线是组件/角色，而序列消息是接口操作）。模式、状态和功能也可以显示在这些图表上。

（6）模式和状态。模式和状态图是受 UML 启发的状态机。模式/状态/转换可以与功能、功能交换、接口操作等相关。

（7）类和接口。Capella 提供了高级机制对位精确的数据结构进行建模，并将它们与功能交换、组件或功能端口、接口等相关。

10.2 动态仿真类工具

10.2.1 Dymola

Dymola 基于 Modelica[5] 语言。

随着工程师需要分析由不同物理域的元件构成的越来越复杂的系统，仿真和建模愈发重要，而电路仿真或多体运动分析程序等特定领域的工具，并不能合理地处理其他领域的元件。另外，用户的真实问题与仿真程序所理解的模型之间存在巨大的差距，为了使建模更加接近于"构建一个真实系统"，首先应该尝试从部件制造商的产品目录中寻找具有适当规范和接口的标准组件，如电机、泵和阀。

1996 年 9 月，Modelica 设计团队（Dynasim 公司）在瑞典成立，由五十多名熟悉建模语言和微分代数方程的专家组成，一年以后便发布了第一版 Modelica 语言。Modelica 旨在起到一个标准格式的作用，以便在不同领域建立的模型可以在不同的软件和用户间交互使用。1999 年，Modelica 协会成立，正式发布 Modelica 语言。历经十多年时间和五十多场三日会议，2007 年 9 月，Modelica 语言规范3.0 版形成。

Modelica 语言是一种开源的、用于构建大型复杂和多样化的物理系统模型的面向对象语言。它适用于多领域建模，如在汽车机电一体化系统、航空航天以及机器人应用方面建模。这些系统普遍是由机械、电气和液压系统，以及控制系统构成的。在 Modelica 的语言规范中，通用的方程被用于对物理现象进行建模，通过使用工具自动生成可以高效执行的代码。由于模型元件可以重复使用，而且不需要烦琐且容易出错的手动操作，建模的工作量可以大大减少。

使用 Modelica 语言建立方程可以对物理现象进行建模，Modelica 语言支持几种不同的方程形式，包括常微分方程、微分代数方程、功率键合图、有限状态自动机、Petri 网等。

目前，Modelica 语言已拥有机械、电子、电气、液压、热力学、控制逻辑、电机等多个学科的标准模型库，可以快速建立系统级性能分析模型。由于采用了面向对象的语言策略，Modelica 充分支持非因果建模，将理解模型和理解现实世界的问题充分对应，方便针对具体问题进行分析。

Dymola 程序基于 Modelica 语言，使用一种新的基于面向对象和方程的建模方法，方程的自动处理替代了传统意义上方程到模块框图的人工转换。

Dymola 程序的结构如图 10−2 所示。

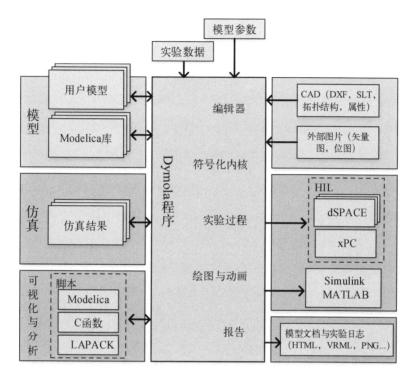

图 10−2　Dymola 程序的结构

　　Dymola 拥有用于构建模型的强大的图形编辑器。通常情况下，Dymola 使用存储在文件中的 Modelica 模型，同时也可以导入其他数据和图形文件。Dymola 包含一个可以将 Modelica 公式转换为仿真用 C 语言代码的符号翻译器，生成的 C 语言代码可以导入 MATLAB/Simulink 环境和硬件在环（hardware in loop，HIL）平台中。Dymola 具备强大的实验、绘图和动画功能，其脚本可以用于处理实验和执行计算，同时还提供自动文档生成器。

　　Dymola 拥有三种窗口：主窗口、库窗口和命令窗口。主窗口在两种模式下工作，包括建模和仿真。主窗口的建模模式用来搭建模型和模型元件，而仿真模式用于对模型进行实验，绘制仿真结果以及对结果的动画演示。需要注意的是，主窗口的仿真模式拥有一个用于自动进行实验和执行计算的脚本子窗口。

在元件库中可以通过打开元件检查文档信息或者模型本身，可以浏览 Modelica 文本层中显示的底层 Modelica 代码，Modelica 文本层也是底层模型的声明和方程的编辑器。

Dymola 动态模拟实验室（dynamic modeling laboratory）适用于各种物理系统的建模。它支持分层模型结构，真正可重复使用的元件库，连线端子和非因果组合连接。其模型库可以用于多种工程领域。

因为 Dymola 具备足够的能力完成方程的自动处理，因此不需要手动对某个变量进行结算。能处理含有数十万个以上方程的大型模型是 Dymola 的一个重要特性。基于 Dymola 和多领域专业库（包括机械、电子、电气、控制逻辑、热、流体和柔性体等领域），可以实现模型架构的快速变更，对多种架构配置方案进行快速的对比分析。

Dymola 的开放性表现在：

（1）可以将其他子系统的 C 语言代码与 Dymola 集成，构建软件在环仿真（software in loop，SIL）环境；

（2）可以与 Simulink 进行模型交换，包括两种形式，一种是将 Dymola 模型以 S-Function 形式导入至 Simulink，另一种是将 Simulink 模型以 FMU 的形式导入 Dymola；

（3）可以与实施系统集成，形成快速原型及半实物仿真，包括 dSPACE 等；

（4）支持二进制代码的导出、源代码的生成，方便与模拟器及外部仿真环境进行集成；

（5）支持基于 FMI 的模型交互，进而支持基于 FMI 的联合仿真，通过导入、导出 FMU 进行与不同工具模型的交换，实现不同工具的模型联合仿真。

10.2.2　MATLAB/Simulink

MATLAB 是美国 MathWorks 公司出品的商业数学软件，是用于算法开发、数据可视化、数据分析以及数值计算的高级技术计算语言和交互式环境，主要包括 MATLAB 和 Simulink 两大部分。

MATLAB 主要面向科学计算、可视化以及交互式程序设计，它将数值分析、矩阵计算、科学数据可视化以及非线性动态系统的建模和仿真等诸多强大功能集成在一个易于使用的视窗环境中，为科学研究、工程设计以及必须进行有效数值计算的众多科学领域提供了一种全面的解决方案。MATLAB 的优点如下。

（1）高效的数值计算及符号计算功能，将用户从繁杂的数学运算分析中解脱出来。

（2）具有完备的图形处理功能，实现计算结果和编程的可视化。

（3）友好的用户界面及接近数学表达式的自然化语言，使用户易于学习和掌握。

（4）功能丰富的应用工具箱（如信号处理工具箱、通信工具箱等），为用户提供了大量方便实用的处理工具。

MATLAB 是一个包含大量计算算法的集合，其拥有 600 多个工程中要用到的数学运算函数，可以方便地实现用户所需的各种计算功能。MATLAB 的这些函数集包括从最简单最基本的函数到诸如矩阵、特征向量、快速傅里叶变换的复杂函数。函数所能解决的问题大致包括矩阵运算和线性方程组的求解、微分方程及偏微分方程的组的求解、符号运算、傅里叶变换和数据的统计分析、工程中的优化问题、稀疏矩阵运算、复数的各种运算、三角函数和其他初等数学运算、多维数组操作以及建模动态仿真等。

Simulink 是 MATLAB 的一种可视化仿真工具，是一种基于 MATLAB 的框图设计环境实现动态系统建模、仿真和分析的软件包，被广泛应用于线性系统、非线性系统、数字控制及数字信号处理的建模和仿真中。

MATLAB 针对许多专业的领域都开发了功能强大的模块集和工具箱，如数据采集、数据库接口、概率统计、样条拟合、优化算法、偏微分方程求解、神经网络、小波分析、信号处理、图像处理、系统辨识、控制系统设计、线性矩阵不等式（LMI）控制、鲁棒控制、模型预测、模糊逻辑、金融分析、地图工具、非线性控制设计、实时快速原型及半物理仿真、嵌入式系统开发、定点仿真、DSP 与通信、电力系统仿真等。这些工具箱都集成在 Simulink 建模仿真环境中，有效支持图形化的建模操作和各种控制系统等应用的快速仿真。

Simulink 提供一个动态系统建模、仿真和综合分析的集成环境。Simulink 可以用连续采样时间、离散采样时间或两种混合的采样时间进行建模，也支持多速率系统，也就是系统中的不同部分具有不同的采样速率。

构架在 Simulink 基础之上的其他产品扩展了 Simulink 多领域建模功能，也提供了用于设计、执行、验证和确认任务的相应工具。Simulink 与 MATLAB 紧密集成，可以直接访问 MATLAB 大量的工具进行算法研发、仿真的分析和可视化、批处理脚本的创建、建模环境的定制以及信号参数和测试数据的定义。

参考文献

［1］ FRIEDENTHAL S，MOORE A，STEINER R. A practical guide to SysML：the systems modeling language ［M］. Third Edition. Waltham：The MK/OMG Press，2015.

［2］ HOFFMAN H P. Systems engineering best practices with the rational solution for systems and software engineering deskbook release 3. 1. 2 ［EB/OL］.（2022 - 05 - 27）［2023 - 05 - 29］. https：//www.ibm.com/support/pages/model-based-systems-engineering-rational-rhapsody-and-rational-harmony-systems-engineering-deskbook-312.

［3］ NO MAGIC INC. MagicGrid book of knowledge ［EB/OL］. https：// discover.3ds.com/magicgrid-book-of-knowledge.

［4］ VOIRIN J L，BONNET S. A MBSE method for system，software and hardware architectural design — ARCADIA and Capella ［EB/OL］.（2022 - 05 - 27）［2023 - 05 - 29］. https：//download. eclipse. org/capella/publis/An_ Introduction_ to_ Arcadia_ SETE2015. pdf

［5］ Modelica — a unified object-oriented language for physical systems modeling — language specification ［S］. Modelica Association，2014.

第 11 章 基于模型的起落架系统设计

11.1 民用航空起落架系统简介

起落架是飞机实现起飞着陆功能的主要装置，是保证飞机安全飞行的关键部件。起落架用于飞机在地面停放及滑行时支撑飞机，保证飞机在地面上安全滑跑和灵活运动。起落架还应保证飞机在地面运动时，具有良好的稳定性和操纵性。飞机在着落接地和地面运动时，会与地面产生不同程度的撞击，起落架应能减缓这种撞击，吸收飞机在滑行和着陆时产生的振动和撞击能量。对于现代飞机，为了减少飞行阻力，起落架还必须是可收放的。起落架系统质量通常占飞机正常起飞时质量的 4% ~ 6%，占飞机结构质量的 10% ~ 15%[1]。

起落架的主要作用如下。

（1）承受、消耗和吸收飞机在着陆和地面运动时的撞击和振动能量。

（2）完成飞机停放、起飞、着陆和滑行时在地面上的运行任务。

（3）能够在滑跑和滑行时进行制动，并能在滑跑和滑行时操纵飞机。

（4）保证飞机在滑行、起飞和着陆时的安全以及良好的操纵性和稳定性。

飞机起落架的布置方案可归结为四种：后三点式、前三点式、自行车式和多支点式。现在大多数飞机，特别是民用客机，普遍采用前三点式，两个主起落架布置在飞机质心稍后，前起落架布置在飞机头部的下方。

前三点式的优点是起飞滑跑时阻力小，起降滑行距离短，驾驶员视野好，乘坐舒适；缺点是自由偏转的前支柱可能出现振幅越来越大的自激振荡现象，这种现象称为"摆振"，可以利用专设的液压减摆器加以消除。相比于后三点式布局，前三点式更适合高速飞机的起飞降落，具有滑跑稳定性和良好的方向稳定性，着陆时大刹车情况下不会出现向前翻倒的现象，缩短了着陆滑跑距离；同时，采用大速度小迎角着陆时，也不会出现跳跃现象。

起落架系统的典型功能如下。

（1）支撑飞机：在起飞、着陆、地面滑行和停放阶段，支撑飞机并传递载荷，缓冲并吸收飞机着陆撞击和滑跑时因跑道不平引起的振动能量。

（2）收放起落架：在起飞和进近阶段提供正常和备份收放功能，改变气动效率。

（3）提供前轮转弯：在地面运行阶段提供大角度转弯或小角度纠偏功能。

（4）提供轮载信号：在整个运行阶段探测和发送轮载状态，作为空地状态判断的依据。

（5）支持牵引：支持飞机牵引和拖拽，提供牵引指示。

起落架系统包括主起落架及舱门、前起落架及舱门、起落架收放、转弯、位置指示与告警5个子系统。主起落架及舱门由缓冲支柱、侧撑杆、锁连杆、收放作动筒、上位锁、舱门作动筒及主起落架舱门组成。

缓冲支柱为主起落架支撑和缓冲结构，用于飞机的支撑以及着陆能量的吸收。侧撑杆、锁连杆及收放作动筒组成起落架的收放机构，控制起落架的收放。舱门作动筒及起落架舱门为舱门机构。前起落架及舱门由缓冲支柱、阻力杆、锁连杆、收放作动筒、上位锁、齿轮齿条转向机构、舱门连杆机构和舱门等组成，缓冲支柱为前起落架的支撑机构，吸能着陆能力，同时提供飞机的转向及转弯功能。阻力杆、锁连杆及收放作动筒组成前起落架收放机构。舱门作动筒、舱门摇臂、舱门拉杆以及舱门组成舱门机构。起落架收放系统由液压系统提供液压源，由电源系统给控制器供电，控制器根据起落架手柄的位置信号和接近传感器提供的位置信号按顺序控制起落架控制阀内不同的液压阀，进而控制起落架及舱门作动器，实现起落架的正常收起和放落。为了在正常收放系统失效时实现放下功能的可用性，还有一套独立的备份放系统，起落架及舱门在重力及气动力作用下自由放下并锁住。转弯系统由液压系统供压，由转弯手轮和方向舵脚蹬提供指令输入，通过控制器控制转弯控制阀，实现对齿轮齿条型转弯作动筒的闭环控制。

11.2 基于模型的起落架系统功能需求分析

收放起落架功能是起落架系统的主要任务功能。通过控制起落架的收放，保证飞机在起降过程中满足气动性能要求。起落架收放操作速度遵照 CCAR 25.729 和飞机特性所确定的安全收/放起落架速度。飞机在完成收/放操作序列后对舱门和起落架进行位置固定操作。在整个飞行过程中，该功能通过传感器感知并向其他功能和系统提供轮载信息，用以判断空地状态。起落架系统主要功能包括收放起落架、提供前轮转弯功能等。

提供收放起落架功能的主要运行阶段如下。

收放起落架功能主要在航前准备、初始爬升、进近等阶段运行，在运行过程中提供起落架的正常收/放和备份放的控制功能。航前准备阶段，在地面打开或关闭起落架舱门；起飞过程中，在一定时间内收起起落架，以满足起飞阶段爬升率的要求；在进近阶段通过放下起落架以降低飞机速度，在机轮接地时确保起落架处于放下位置。当正常放功能出现故障时，飞行员可通过独立的备份放功能确保着陆过程可放下起落架。

在开展收放起落架功能分析中，主要考虑以下三个场景用例，其工作场景用如图 11-1 所示的用例图表达。

（1）正常收场景。

（2）正常放场景。

（3）备份放场景。

基于上述三个用例开展详细功能行为分析，用以捕获功能性需求和外部功能

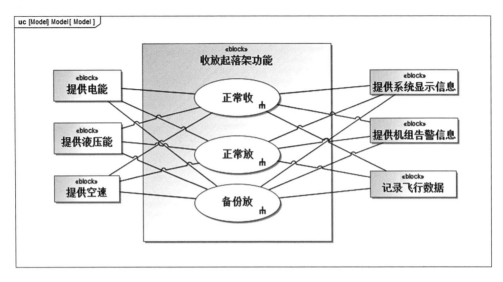

图 11-1 提供收放起落架功能工作场景图

接口。提供起落架收放功能正常收、正常放、备份放场景的活动图如图 11-2、图 11-3、图 11-4 所示。

通过上述场景分析可得以下功能性需求。

（1）起落架系统应具备起落架正常收/放及备份放的能力。

（2）起落架系统正常放与备份放应独立且非相似。

（3）起落架系统备份放控制权限应高于正常收/放。

（4）起落架系统应能在发动机失效情况下放下起落架。

（5）在备份放功能不可用时，起落架系统应提供相应告警信息。

（6）起落架系统应提供起落架和起落架舱门位置信息。

（7）在起落架位置和起落架手柄位置不一致时，起落架系统应向飞机提供告警。

（8）起落架系统应在机轮承载时防止起落架收起。

（9）起落架系统应为飞行机组提供备份放开关。

（10）起落架系统应为飞行机组提供起落架系统故障的告警。

图 11‒2　提供起落架收放功能正常
　　　　收场景活动图

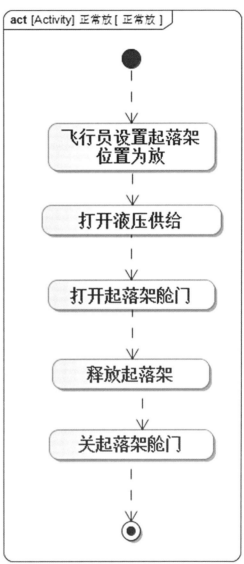

图 11‒3　提供起落架收放功能正常
　　　　放场景活动图

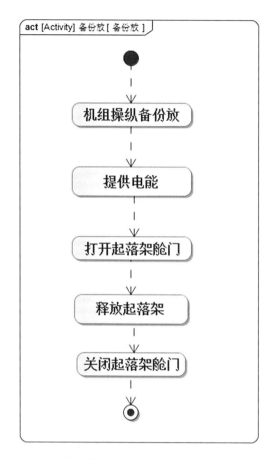

图 11 - 4　提供起落架收放功能备份放场景活动图

11.3　基于模型的起落架系统架构分析

11.3.1　概述

根据中国商飞 MBSE 理论，飞机级系统架构包括功能架构、逻辑架构和物理架构。系统架构是特定阶段系统设计的一种集中化呈现，通常以"图形"形式描述系统组成部分之间的边界和接口等，伴随系统架构往往会形成相应的架构描述文件，包括系统组成部分的定义和描述；功能架构是通过功能定义和功能分解之后形成的待设计产品的功能框架体系，功能架构通常包括功能分解之后形成的纵向层级关系，以及每层级中若干子功能之间（横向的）逻辑关系；

逻辑架构描述功能分组，并向系统逻辑组件分配的情况，描述系统的逻辑方案定义；物理架构描述设备之间的层次关系、交联关系和信号/物质交互关系，是软/硬件部件及其相关接口的一种层级化组织，能够描述系统的物理定义。

功能架构、逻辑架构和物理架构的关系如图 11 - 5 所示。

图 11 - 5 飞机系统架构设计过程

11.3.2 起落架系统功能架构建模

起落架功能架构描述起落架功能之间的层次关系、交联关系和数据/能量交互关系。通过图形化的方式表达功能组件之间各层级关系、连接关系和交互情况。功能架构的输入包括上层级功能性需求（包括飞机与系统的功能定义）、系统操作需求、安全性需求等。功能架构在定义过程中，通过梳理功能定义，将各个功能梳理成为颗粒度适中的功能定义，并构建功能结构树，描述功能定义之间的分解关系；功能分解关系建立后，要明确功能之间的接口交互关系，包括功能之间传递的信息，形成功能交互图；根据功能的行为进行分析，将功能之间的交互信息分为数据流、物质流和能量流，形成功能交互框图，即功能架构。

根据起落架系统功能层级关系，首先使用基于 SysML 的模块定义图和 Block 元素定义功能组件，建立起落架系统的功能组件分解结构，其模块定义图如图 11 - 6 所示，表达了该功能的分解和组成关系。

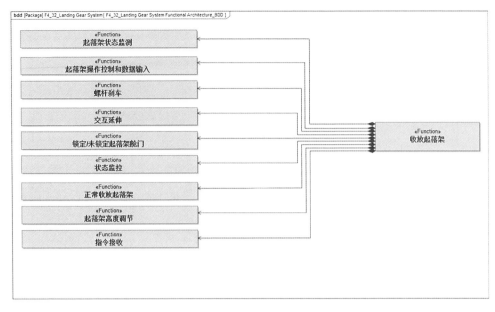

图 11-6 起落架系统功能架构模块定义图

  基于定义的功能组件和交互项，建立功能组件之间的连接关系，并明确功能组件之间传输的交互项内容，形成功能架构内部模块图。图 11-7 给出了起落架系统功能架构内部模块图。

11.3.3 起落架系统逻辑架构建模

  起落架系统逻辑架构对上承接功能架构，实现功能分组，通过图形化的方式描述逻辑组件的层级关系、连接关系以及交互情况。逻辑架构对下作为物理架构设计的输入，从产品实现的角度将逻辑组件分配给物理组件或设备，支持物理架构的定义与分析。

  起落架系统逻辑架构设计的输入包括功能架构、特定技术的技术成熟度分析、相似机型技术特征、系统重用需求。逻辑组件的定义是基于功能架构，进行功能分组，定义逻辑组件。功能的分组可依据功能的重要程度、功能之间关联的复杂程度、功能的耦合程度、所实现的功能类型等原则进行。基于不同的分组功能进行命名，即定义逻辑组件。功能到逻辑组件的分配是基于所定义的逻辑组

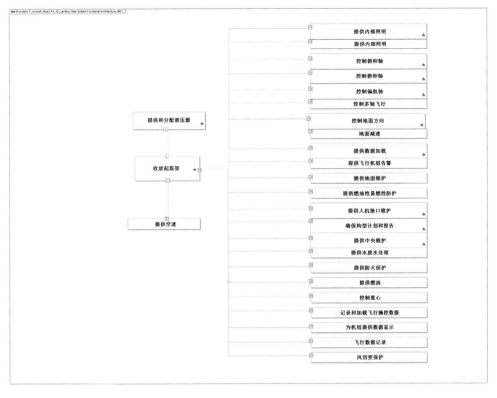

提供内部照明

提供内部照明

控制俯仰轴

控制俯仰轴

控制偏航轴

控制多轴飞行

提供和分配液压源

控制地面方向

地面减速

收放起落架

提供数据加载

提供飞行机组告警

提供地面维护

提供燃油易燃性防护

提供人机接口维护

确保构型计划和报告

提供中央维护

提供水废水处理

提供防火保护

提供空速

提供燃油

控制重心

记录和加载飞行操控数据

为机组提供数据显示

飞行数据记录

风切变保护

图 11-7　起落架系统功能架构内部模块图

件，完成从功能到逻辑组件的分配。在分配过程中可以对前期的功能分组或逻辑组件定义展开分析，考虑逻辑组件定义的合理性，进行逻辑组件定义的优化与调整。

　　起落架系统逻辑架构在设计过程中针对功能架构的设计要求，结合已有系统逻辑架构的成熟设计，开展逻辑架构设计，明确逻辑组件之间的交互情况，包括信号、物质和能量等，形成不带冗余的逻辑架构。然后，基于无冗余的逻辑架构，综合考虑相似机型设计特性、安全性和性能要求等因素，设计冗余组件和冗余控制逻辑，形成带冗余的逻辑架构。

　　起落架系统逻辑架构设计的输出主要包括逻辑架构、逻辑架构 ICD 和逻辑架构描述文档。图 11-8 所示为起落架系统逻辑架构的模块定义图。

　　基于定义的逻辑组件和交互项，建立逻辑组件之间的连接关系，并明确逻辑

图 11-8　起落架系统逻辑架构模块定义图

组件之间传输的交互项内容，形成逻辑架构内部模块图。图 11-9 给出了起落架系统逻辑架构的内部模块图。

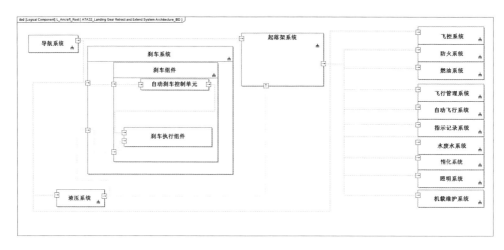

图 11-9　起落架系统逻辑架构内部模块图

根据起落架系统功能架构和逻辑架构，可以建立从功能到逻辑组件的分配关系，形成分配表。图 11-10 给出了起落架系统功能到逻辑的分配表。

Legend
↗ Allocate
↗ Allocate (Implied)

L4_32_起落架系统
- L5_3230_收放系统
  - L5_3230_LG Control
  - L6_3230_001_正常收放输入装置
  - L6_3230_002_交互延伸输入装置
  - L6_3230_003_正常收放作动单元
  - L6_3230_004_Alternate Extension Control Assembly
  - L6_3230_005_锁定/未锁定起落架舱门装置
- L5_3250_前轮转向装置
  - L5_3250_001_转向输入装置
  - L6_3250_002_转向伺向执行装置
  - L6_3250_003_转向检测单元
- L5_3260_位置指示器警系统
  - L6_3260_001_传感器组件
- L5_3270_起落架控制单元
  - L6_3270_001_起落架正常收放装置
  - L6_3270_002_转向控制组件
- L5_3280_地面牵引装置
  - L6_3280_001_牵引指示单元

收放起落架
- 交互延伸
- 螺杆刹车
- 起落架操作控制和数据输入
- 起落架高度调节
- 起落架状态监测
- 锁定/未锁定起落架舱门
- 正常收放起落架
- 指令接收
- 状态监控

图 11 - 10　起落架系统功能到逻辑的分配表

11.3.4　起落架系统物理架构建模

起落架系统物理架构对上承接逻辑架构，实现逻辑分组，通过图形化的方式描述物理组件的层级关系、连接关系和交互情况；对下作为飞机系统设计方案的输入，从产品实现的角度定义系统设备间的关系和接口形式，物理架构设计输入包括逻辑架构、特定技术的技术成熟度分析、相似机型技术特征和系统重用需求。

起落架系统物理架构设计过程中对物理组件的定义是基于逻辑架构，进行逻辑分组，定义物理组件。逻辑的分组可依据逻辑的重要程度、逻辑之间关联的复杂程度、逻辑的耦合程度、所实现的逻辑类型等原则进行。基于不同的分组逻辑，进行命名，即定义物理组件。

定义物理组件完成后，基于所定义的物理组件完成从逻辑到物理组件的映射。在映射过程中可以对前期的逻辑分组或物理组件定义展开分析，考虑物理组件定义的合理性，进行物理组件定义的优化与调整。

在物理架构设计过程中是基于逻辑架构的设计要求，结合已有系统物理架构的成熟设计，开展物理架构设计，明确物理组件之间的交互情况，包括信号、物质和能量等，形成不带冗余的物理架构。然后，基于无冗余的物理架构，综合考虑相似机型设计特性、安全性和性能要求等因素，设计冗余组件和冗余控制物理，形成带冗余的物理架构。

起落架系统物理架构设计的输出包括物理架构、物理架构 ICD、物理架构描述文档。图 11-11 为起落架系统物理架构模块定义图。

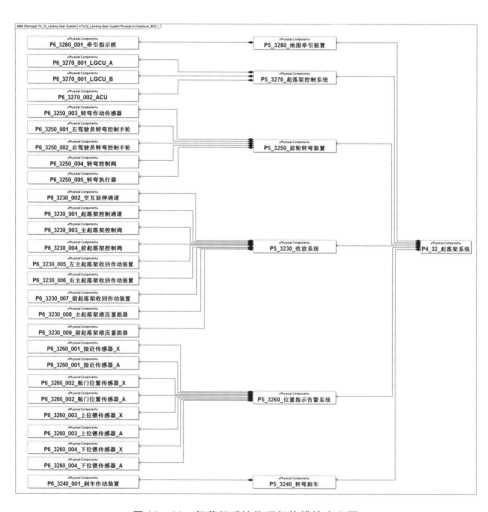

图 11-11　起落架系统物理架构模块定义图

基于定义的物理组件和交互项，建立物理组件之间的连接关系，并明确物理组件之间传输的交互项内容，形成物理架构内部模块图。图 11-12 给出了起落架系统物理组件的内部模块图。

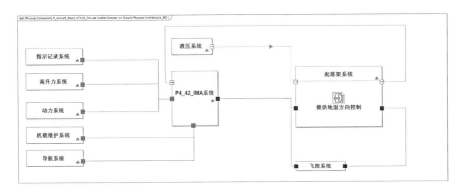

图 11-12　起落架系统物理架构内部模块图

根据起落架系统逻辑架构和物理架构，可以建立从逻辑到物理组件的分配关系，形成分配表。图 11-13 给出了起落架系统逻辑到物理的分配表。

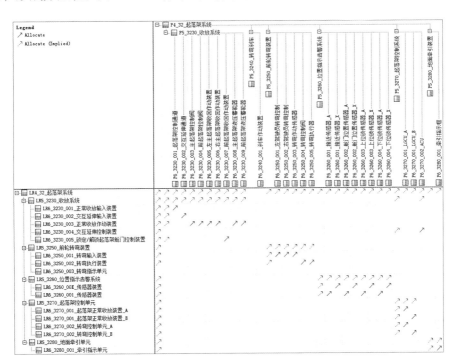

图 11-13　起落架系统逻辑到物理的分配表

参考文献

［1］北京航空航天大学大型飞机高级人才培训班：起落架系统简介［Z］.
2014.

第 12 章　基于模型的航空发动机控制系统设计与验证

12.1　民用航空发动机控制系统简介

民用航空发动机控制系统接收来自飞机的指令，采集发动机温度、压力、转速以及作动部件位置等参数，实现发动机在所有使用条件下的稳态、过渡态、起动、点火、反推的控制功能和限制保护（包括参数限制和极限保护）功能，保证发动机在飞行包线内不出现超温、超转、超压、失速及喘振等现象，允许驾驶员无约束操作而保证发动机不出现异常现象和破坏性故障[1]。

12.1.1　航空发动机控制系统概述与发展历程

从 1939 年 8 月世界上第一架喷气式飞机 He‑178 诞生至今，喷气式航空发动机控制从运用简单机械装置控制开始，经历了初始阶段、成长阶段、电子化阶段和综合化阶段[2]，发展历程如图 12‑1 所示。

1. 初始阶段

通用电气（GE）公司在 1942 年根据英国的 White 涡喷发动机设计的 I‑A 发动机，采用液压式调节器，根据期望的涡轮转速和实际的涡轮转速之间的偏差控制发动机的燃油流量。通过最小流量限制器和最大流量限制器，防止发动机熄火和超温。这套系统具备单轴发动机控制系统的基本功能，包括燃油计量、超转保护、熄火保护和超温保护。同一阶段，GE 公司在 1948 年开展了世界首台加力涡喷发动机 J47 试验，该发动机采用液压机械式控制系统控制发动机主燃烧室燃

(241)

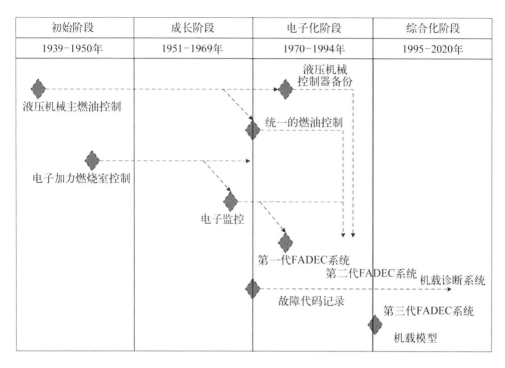

初始阶段	成长阶段	电子化阶段	综合化阶段
1939-1950年	1951-1969年	1970-1994年	1995-2020年

图 12-1　发动机控制系统发展历程

油流量，采用电子式（真空管）控制系统控制加力燃烧室的燃油。这一阶段发动机控制的设计方法主要是利用频率响应法，即利用伯德图绘制控制系统的频率响应曲线，使之能够满足期望的增益裕度和相位裕度[3]。在这一阶段，发动机控制规律的设计主要采用经典控制设计方法，即单回路法、频率响应法和时域法。

2. 成长阶段

普惠公司在 1951 年试验了世界首台气动连接双轴涡喷发动机 J57，使 YF-100 飞机达到了超声速，其控制系统采用了两个液压机械式燃油控制装置分别控制发动机主燃烧室和加力燃烧室，并采用了分离式的防冰控制和点火控制装置。在这一阶段，包括变几何控制在内的响应控制技术逐渐成熟，如压气机静子叶片控制、进气道和尾喷管控制等[4]。至 1969 年，GE 公司的 J79、F101，普惠公司的 TF30、F100 等著名的发动机可靠性明显提升，所采用的发动机机械液压装置随着控制变量数目的增加，复杂性不断提高，同时控制系统的体积和重量也越来越大，且价格更高。在这一时期，控制技术开始从军用发动机向民用发动机转移。

3. 电子化阶段

虽然液压机械控制以及相关伺服部件已通过大量的发动机运行经验证明具有较高的可靠性，但是随着发动机性能及其相应的发动机控制功能的不断扩展，若只对机械液压控制系统进行改进，其体积、重量、价格限制其实用性。20世纪70年代初，随着模拟和数字电子技术的发展，在一些发动机上逐渐应用电子监控系统，提供高水平的监视和调节功能，同时也进行一些非关键变量的数字控制，如普惠公司的 F100 发动机数字电子控制装置、GE 公司的 F101 发动机模拟式增压风扇温度控制装置[5]。普惠公司的 JT9D 作为首个采用数字控制的商用航空发动机，被应用在波音 767、A300、A310 飞机上。

如果在发动机从起动到停车的整个过程中，飞行员油门杆指令（或功率要求）都能由电子控制装置对发动机推力（或功率）实施控制，那么这个电子控制装置就是全权限的。1972 年，盖瑞特航空研究中心成功研制了单通道模拟式电子控制器（ECU），作为最早的全权限电子控制器装备在 TFE731 发动机上。当发生失效或操纵失误时，电子控制系统切换到备用的液压机械控制，提供较为保守的按固定的最大和最小油气比预定模式的控制。

随着提高平均无故障时间（MTBF）、降低现场维修难度的需求增加，加上数字软件具有较高灵活性的优势，首个全权限数字电子控制系统在 F100 发动机上应用。该全权限数字电子控制系统从 F100 发动机的液压机械控制监控发动机电子控制器（EEC）和被数字电路板取代的用于自动化控制的凸轮设计演变而来，有效地将开发时间从数月缩短为数周，充分表明数字式电子控制在缩短发动机开发周期方面的能力。

与液压机械控制相比，第一代数字式电子控制具有体积小、重量轻、飞行员操纵负担轻、升级更灵活、与飞机其他系统兼容性强等优势，随着数字电子诊断能力的不断增强，也提高了发动机的维修性。随着数字式电子控制优势凸显，带有液压机械备份的 EEC102、EEC104、EEC106 以及以数字电子控制为备份的双通道双余度电子控制系统（EEC131 等）得到验证和应用[6-13]。至 20 世纪 80 年代末，第一代数字电子控制硬件研制趋于成熟，软件的开发成为研究重点，尤其是在高级语言的使用上。

4. 综合化阶段

20 世纪 90 年代初，双通道全权限数字电子控制系统（FADEC）成为喷气式发动机的标准控制系统。与过去的第一代 FADEC 相比，第二代 FADEC 注重在控制器中融入先进的算法和提升控制能力，拥有更多的输入输出变量，以及更强的故障监视和诊断能力。控制系统具有更多固有的测试功能，并具备改善发动机性能和诊断的嵌入式发动机数学模型，以及运行和寿命追踪方法，可同时按每个可控变量进行评估。得益于微处理器的速度和存储技术的发展，第二代数字式电子控制系统重量更轻、尺寸更小。

在这一阶段，比较典型的是 M88－2 发动机。1990 年，M88－2 发动机配装了第一代 FADEC，采用双通道结构和 Motorola 68000 系列微处理器，仅具有发动机控制功能。1995 年，第二代 FADEC 研发，采用 Motorola 68020 系列微处理器，增加了包括振动的健康监视功能和 FADEC 半自动维护功能。2005 年，针对 M88－2 发动机研发了第三代 FADEC，双通道分别采用 MPC603、MPC555 系列微处理器，重量进一步减轻，同时增加了发动机故障诊断功能。20 世纪 90 年代后期，为了提高整个推进系统的功能和性能，新型矢量喷管控制、多变量控制、飞推系统综合控制、健康管理、先进余度管理等方法在第二代 FADEC 中得以实现。

1997 年，普惠公司的 F119 发动机采用了汉密尔顿标准公司研制的第三代双-双余度（两个 FADEC 同时受控）FADEC 电子控制器和诊断装置，配置机上自适应发动机模型，采用卡尔曼滤波器估算发动机的稳态参数，实现机上实时自适应优化飞机和发动机性能，是第一种具有部件寿命跟踪能力的系统。

在民用航空发动机领域，CFMI 公司的 CFM56－5B/7B、Leap－1X，GE 公司的 GE90 和 GEnx，普惠公司的 PW4000、PW1000G，R－R 公司的 TRENT 系列，IAE 的 V2500，以及发动机联盟的 GP7000 系列等发动机，基本处于第三代 FADEC 技术水平。

GP7000 的控制系统是 GE 公司提供的第三代 FADEC，相对于先前的 FADEC 装置，第三代产品运算速度提高一个数量级，存储能力提高 8 倍，提供了更大的控制系统余度，从而提高了发动机控制的可靠性。GP7000 的第三代 FADEC，容许单参数故障和各类多参数故障，而不会对发动机的工作造成不利影响。当 FADEC 探测到两个通道中有一个失效时，则由备份通道主控，并将故障通知发动机和飞机的故障监视系统[14-15]。随着发动机控制系统综合化的发展，控制系统逐渐向小型化、综合化、高性能、高可靠性发展，采取主动控制、智能控制、分布式控制等先进控制架构和算法，重点关注飞机和推进系统综合化设计，发展机载实时发动机模型，融合发动机状态监视和发动机控制系统，获得更好的系统性能和控制品质，提高控制系统寿命，降低系统的研制和使用成本。

12.1.2　民用航空发动机控制系统典型需求与功能

民用航空发动机控制系统一般具有以下典型需求与功能。

（1）推力管理控制。在不同的控制模式下，发动机控制系统根据飞机状态（飞行马赫数、油门杆信号、轮载信号、飞机引气等）、环境条件（环境压力、温度）等因素，计算发动机推力表征信号的目标值，并控制发动机状态至目标值，以达到提供飞机所需推力的目的。

（2）起动与点火控制。起动与点火控制一般包括地面起动控制（地面正常起动、冷运转、油封/启封等）、空中起动控制（风车起动、空中辅助起动等）、连续点火控制和地面手动点火控制等，主要通过起动点火开关和燃油控制开关实现各起动点火状态选择。

（3）加减速控制。控制系统根据油门杆指令，控制发动机转子的加减速。为保证飞机复飞推力，当油门杆从进场慢车位置到复飞推力位置的移动时间小于 1 秒时，从进场慢车到复飞推力所需的时间应不大于 8 秒。

（4）参数限制。发动机在任何状态下以任何顺序和速率移动油门杆时，转速、压力和温度等参数应不超过限制值，以避免引起喘振或失速达到出现熄火、结构失效、超温或发动机推力不可恢复的程度。

（5）独立超转保护。为避免控制失效导致的不可控高推力或转子破裂等危险，一般要求发动机控制系统具备独立的超转保护功能，当发动机转子转速超过限制值时，切断燃油。

（6）燃油控制。一般包括燃油计量和燃油分配功能。控制系统对飞机提供的燃油进行增压以提供给燃烧室并驱动作动机构。控制系统对发动机各工作状态的燃油进行计量控制，并按照调节计划分配至燃烧室各级燃油喷嘴。同时，控制系统应能根据指令切断燃油，实现发动机的停车功能。

（7）可变几何控制。包括高压压气机可调静子叶片控制、增压级后可调放气活门控制、高压压气机瞬态放气活门控制、高压压气机起动放气活门控制、高压涡轮主动间隙控制、低压涡轮主动间隙控制等。

（8）热管理。包括滑油空气冷却控制、分流环防冰控制、短舱防冰控制等。

（9）反推控制。在地面状态时，反推控制系统在接收到飞机指令和飞行状态后，通过控制反推装置的展开与收起来给飞机提供反向推力，缩短滑行距离。

（10）停车控制。控制系统根据接收到的停车指令，切断供油使发动机停车。

（11）通信。控制系统应具有与飞机、监控管理系统、地面维护设备等进行通信的功能。

（12）在线故障诊断与处理。控制系统应具有对故障进行在线诊断和处理的功能，一般包括发动机故障诊断与处理、控制系统故障诊断与处理、飞发接口故障诊断与处理、指示与告警功能。

除上述功能之外，在民用航空发动机控制系统设计时，一般还应考虑强度要求、结构及安装要求、工作环境要求、通用质量特性（安全性、可靠性、测试线、维修性等）设计要求、试验验证要求等。

12.1.3　民用航空发动机控制系统典型系统架构

民用航空发动机控制系统典型架构如图 12－2 所示，其主要由双通道数字电子控制器、点火装置、传感器、机械液压装置、可变几何控制作动器、放气活门等组成。具体专有名词中英文名称见表 12－1。电子控制器接收飞机油门杆等驾驶舱指令，对发动机起动、停车、正反推力等进行控制，并对发动机运行状态进行监视，通过通信总线传递到飞机。

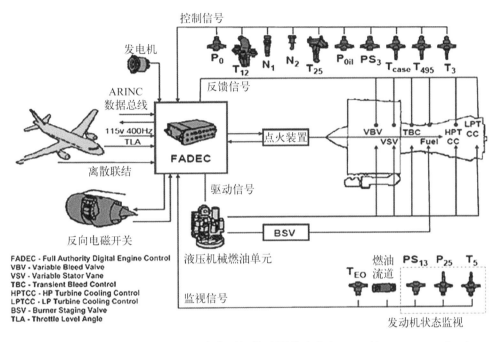

图 12-2 民用航空发动机控制系统典型架构（图片来自 https://www. researchgate. net/figure/Baseline-centralized-engine-control-architecture-The-FADEC-connects-directly-to-each_ fig1_ 267701716）

表 12-1 发动机控制系统专用名词表

序号	英文全称及缩写	中文释义
1	full authority digital engine control（FADEC）	全权限数字发动机控制
2	variable bleed valve（VBV）	可调放气活门
3	variable stator vane（VSV）	可调静子叶片
4	transient bleed control（TBC）	瞬态放气控制
5	HP turbine cooling control（HPTACCC）	高压透平冷却控制
6	LP turbine cooling control（LPTACCC）	低压透平冷却控制
7	burner staging valve（BSV）	燃烧室分级阀门

序号	英文全称及缩写	中 文 释 义
8	throttle level angle（TLA）	油门推杆位置角度
9	hydromechanical fuel unit	液压机械燃油单元
10	engine condition monitoring	发动机状态监视
11	alternator	发电机
12	oil chip detector	燃油屑探测器
13	starter air valve	起动空气阀
14	ignition exciter	点火激励器
15	fuel metering valve	燃油计量阀门
16	overspeed governor	超转调节器
17	HPSOV	高压关断活门
18	meterd fuel	计量后燃油
19	primary air flow	（发动机）主流通空气流道
20	throttle resolver	油门解算器
21	permanent magnet alternator	永磁发电机
22	rotor active clearance / start bleed（RAC/SB）	转子主动间隙/起动放气
23	thrust reversal（TR）	推力反向（器）

飞机驾驶员通过操纵油门手柄、燃油控制开关和起动点火开关等发出飞机指令及信号，飞机指令及信号通过 ARINC664/ARINC429 等总线和硬线连接传送给发动机上的电子控制器，作为控制目标。而飞机驾驶舱仪表显示 EEC 反馈的各控制对象和控制目标的实际状态信号。

传感器将发动机的压力、温度、转速、流量等物理量通过敏感元件转换为电信号。EEC 根据飞机的控制命令和进入 EEC 的各个传感器测量信号，按照发动机调节计划、控制规律和控制模式计算出所需的燃油流量、增压级后可调放气活门位置、高压压气机可调静子叶片角度、瞬态放气活门开度、起动放气活门开度、高压涡轮主动间隙控制活门开度、低压涡轮主动间隙控制活门开度、燃油温度控制装置开度、核心舱冷却控制活门开度、分流环防冰控制活门开度、短舱防冰控制活门开度、燃油分配活门及燃油分级活门等控制量的控制目标值。

EEC 将控制目标值转换为各执行机构的电指令，通过电液转按转换装置将该指令信号转换为实际的物理控制信号，使发动机状态最后稳定在飞机控制命令所需状态。EEC 作为发动机控制系统的核心控制部件，负责控制目标值和发动机状态值的获取、发动机状态改变或者维持。EEC 完成信号采集与处理、控制计算、信号输出驱动等主要功能任务。

燃油泵、燃油计量装置以及燃油分配器负责建立液压机械装置控制的液压功率，响应电子控制器发出的电控信号，进行电液转换和液压功率放大，直接控制各控制变量达到所需要的控制目标值。例如，燃油计量装置进行燃油计量，执行电子控制器电指令计量出所需要的燃油流量，经燃油分配器后分配输送到发动机燃烧室，调节发动机工作状态。发动机各截面上的传感器主要用来反映发动机各截面的状态参数，并将其转换为电信号反馈给 EEC。

12.2 基于模型的功能和架构设计

根据系统工程和 SAE ARP4754 标准要求，在系统处于需求阶段时，应使用建模、仿真等手段对需求进行确认和验证，保证需求的正确性、合理性和完整性，从而一定程度上避免在进入实施阶段后进行各种修改和返工迭代，造成一系列不必要的时间损失和资源浪费。

对于民用涡扇发动机控制系统，其结构和逻辑复杂，附件和接口众多，已然是航空界高复杂度系统的典型代表，只有严格遵照航空高复杂度系统开发指南和系统工程手册，才能保证所开发的系统和产品满足用户的需求。因此，必须在控制系统的需求阶段就开展全数字建模与仿真工作。目前，可以开展控制系统全数字建模与仿真的图形化工具有 MATLAB、SCADE、Flowmaster、AMESim 等，此类工具以其所见即所得和快速单元测试的优点，支持控制系统在设计阶段的高效率建模和仿真。

12.2.1 功能设计

1. 控制功能分析

典型民用涡扇发动机控制系统主要功能通常包括起动点火控制、稳态推力控制、过渡态加减速控制、停车过程控制、运行参数限制、超转保护、防冰控制、变几何控制和放气控制等。随着飞机多电化、智能化、飞发一体化技术需求驱动，故障诊断与处理、高安全高带宽通信、大容量存储和数据处理、电反推控制等新兴功能需求也不断完善和发展。如何保证所开发的民用涡扇发动机控制系统在高稳定、高可靠、高性能的基础上表现得更加出色和安全，如何将众多的功能设计成一个有机的整体，是设计阶段至关重要的挑战。

目前，面对高复杂航空发动机控制系统，在功能需求阶段通常采用两种方法进行分析和设计，分别是面向功能的方法和面向对象的方法，两种方法均采用分层的方式进行功能组织和追溯分解，下面分别对其进行介绍。

1）面向功能分析方法

以控制系统的主要功能为中心，系统要求、需求模型和软件条目化高层需求各层级之间的边界清晰（见图 12-3），其具体特点如下。

（1）第一层为输入层，主要完成输入信号处理和诊断。

（2）第二层为状态层，主要完成各种功能对应的状态机和故障诊断机的逻辑计算。

（3）第三层为对象层，主要完成控制系统各执行部件（如起动空气阀、点火激励器、压气机可调静子叶片等）基本控制目标的计算，并在状态层输出的状态字和故障策略字驱动下，完成控制目标的修正补偿，最后输出伺服控制层需要的实时控制目标。

（4）第四层为指令层，根据伺服回路的控制指令，通过伺服控制器完成各执行部件的电液伺服阀驱动电流量和电磁阀驱动开关量计算。

2）面向对象分析方法

以控制系统的各种运行状态，在每种状态下，依次完成各功能相关的计算功

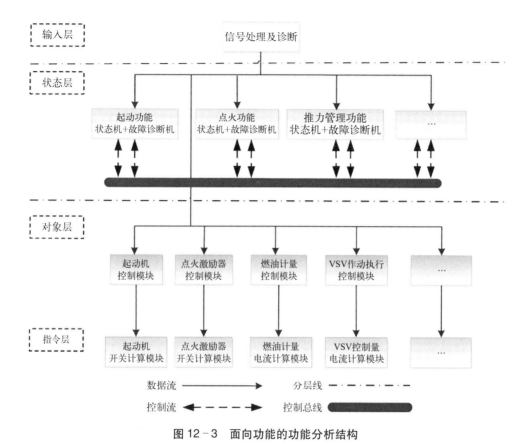

图 12-3　面向功能的功能分析结构

能，此种方式的主动态逻辑设计目标明确，无须考虑不同功能状态机之间的耦合影响（见图 12-4），其具体特点如下。

（1）第一层为输入层，主要完成输入信号处理和诊断。

（2）第二层为调度层，主要完成发动机运行的主状态机和故障诊断处理机的逻辑计算，输出当前发动机所处的状态和需要执行的策略和动作指令。

（3）第三层为功能分解层，完成控制系统各执行部件（如起动空气阀、点火激励器、压气机可调静子叶片等）实时控制目标的计算，并在调度层输出的主状态字和策略字驱动下，完成各部件控制目标的修正补偿，最终输出伺服控制层需要的控制目标。

（4）第四层为指令层，根据伺服回路的控制指令，通过伺服控制器完成各执

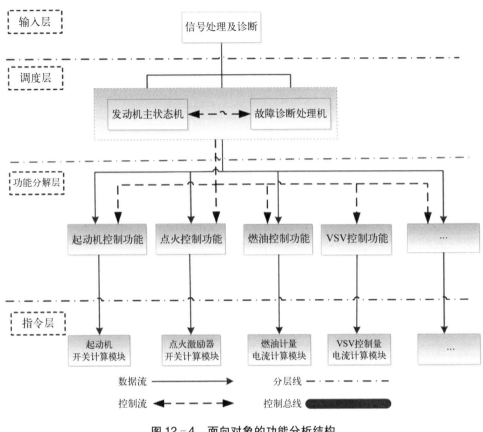

图 12-4　面向对象的功能分析结构

行子部件的电液伺服阀驱动电流量和电磁阀驱动开关量计算。

　　以上两种功能分析和组织方法各有优缺点。面向功能方法以功能为单元，每种功能都对应一个状态机形成一种输入处理和执行的"功能包"，不同的功能之间形成一种分布式的关系，此种方法的主要优点是自顶向下的追溯性强，缺点是功能单元之间的耦合逻辑和交互补偿计算关系复杂，且如何保证各功能单元之间的协同一致性难度大。面向对象的方法以各个被控对象为基本单元，自顶向下将每个功能分解至各被控对象部件的控制目标指令计算环节，形成了多对多的对应关系，采用一个状态机对每个被控对象的执行进行调度，协调一致性在主状态机的设计过程中得以保证，缺点是功能分解过程工作量较大。

　　目前，民用涡扇发动机控制系统主要采用面向对象方法进行功能分析和设

252

计，后续架构设计章节也基于此种方法，开展基于模型的自顶向下设计。

2. 控制规律设计

民用涡扇发动机控制系统的控制规律主要包括以下两类。

（1）主控制规律：被控对象是发动机运行参数（转速、温度和压力），可进一步分为闭环（稳态、参数限制）控制规律和开环（起动、加减速过渡态、停车）控制规律，后续重点以闭环控制规律为例进行基于模型的控制规律设计的说明。

（2）伺服控制规律：被控对象是执行机构的位置参数（位移或开关），因伺服控制规律设计具有较为通用的设计方法，本章暂不针对其设计展开论述。

采用基于模型方法对目前民用涡扇发动机工程应用设计过程进行介绍，分别从闭环主控制规律控制器结构选择、控制参数计算和算法设计三个方面进行论述（见图 12-5）；因开环控制规律大多基于发动机性能设计和试验途径获取，本节未对此部分展开讨论。

典型的民用涡扇（双轴）发动机控制规律的闭环控制回路主要包括高压轴转速（N2）控制回路、低压轴转速（N1）控制回路、最大高压压气机进口静压（Ps3）参数限制回路、最小高压压气机进口静压（Ps3）参数限制回路、最大高压压气机进口总温（T3）参数限制回路、高压轴转速变化率（N2dot）控制回路和低压轴转速变化率（N1dot）控制回路等。其中，N1 和 N2 控制回路属于稳态控制，Ps3 最大限制、Ps3 最小限制和 T3 最大限制属于稳态限制，N2dot 和 N1dot 控制回路属于过渡态控制。

控制系统设计完成之后，首先验证确定发动机运行状态的工作范围，根据被控参数的期望变化情况和控制性能指标，在被控参数工作范围内设计测试用例；通常将控制算法和非线性的被控对象构成一个闭环控制回路，在全数字模型仿真环境中进行仿真和性能指标验证。基于 MATLAB/Simulink 建模工具，搭建民用涡扇发动机典型的风扇转速（N1）单回路闭环仿真测试环境，设计稳态性能的测试用例，开展稳态控制性能仿真，具体参考如图 12-6 ~图 12-10 所示。

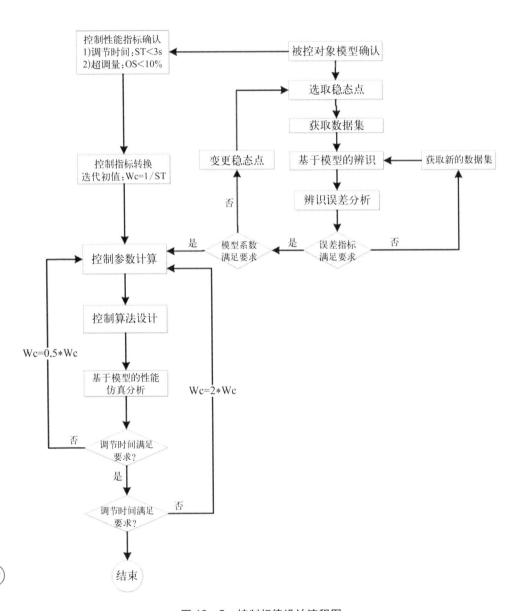

图 12-5　控制规律设计流程图

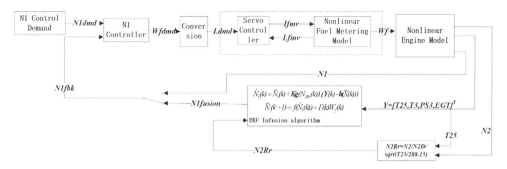

图 12-6　基于模型的 N1 闭环控制回路全数字模型仿真原理图

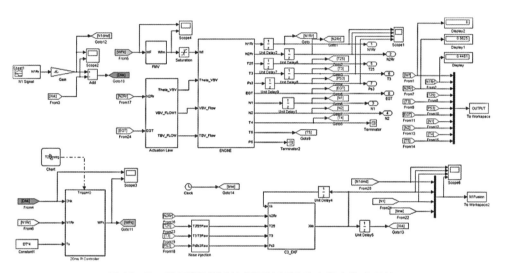

图 12-7　基于模型的 N1 闭环控制回路全数字仿真环境

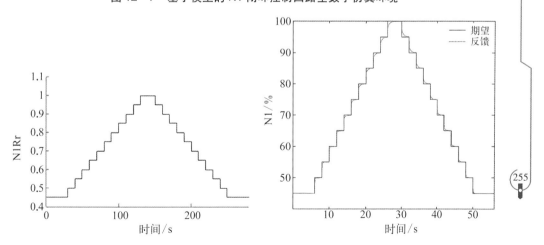

图 12-8　基于模型的 N1 闭环控制
回路仿真测试用例

图 12-9　基于模型的 N1 闭环控制回路
仿真测试转速响应

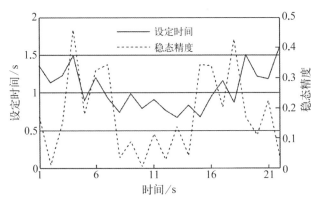

图 12 - 10　基于模型的 N1 闭环控制回路仿真性能结果

12.2.2　架构设计

1. 静态架构设计

民用涡扇发动机控制系统架构设计，是后续开展控制系统数字模型环境集成仿真以及基于模型的软件设计的载体。采用图形化的基于模型的静态框架设计，将控制系统的功能自顶向下地分解为各个负责具体的计算和处理的子功能模块，所设计的子功能模块大多覆盖了一种以上顶层功能的子功能要求，体现了系统设计中结构化高效复用的设计思想，这种功能复用简化了控制系统动态架构的设计，总体上明显降低了系统的设计复杂度和耦合性，提升了复杂系统的可测试性。

一般的民用航空涡扇发动机控制系统，其基于模型的静态架构为 5~7 层。图 12 - 11~图 12 - 13 给出了开展某民用涡扇发动机控制系统的整体架构的部分层级的示例。

2. 动态架构设计（主状态机）

目前，状态机已经成为开展控制系统及产品设计不可缺失的核心环节，其关键性在于可以快速地对产品或系统的多任务特性、多变的工作场景、复杂的逻辑需求进行综合，形成可以兼顾信号处理与综合、控制律计算、故障安全逻辑、工作场景安全切换等要求的数据流和控制流的逻辑架构，对于高度复杂的系统效果尤其明显。

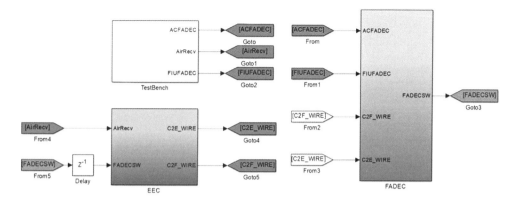

图 12-11　民用涡扇发动机控制系统顶层静态架构图

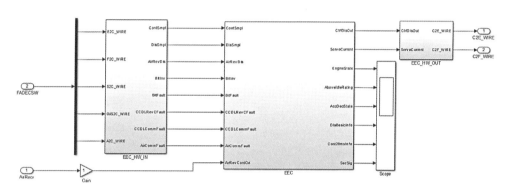

图 12-12　民用涡扇发动机控制系统电子控制器静态架构图

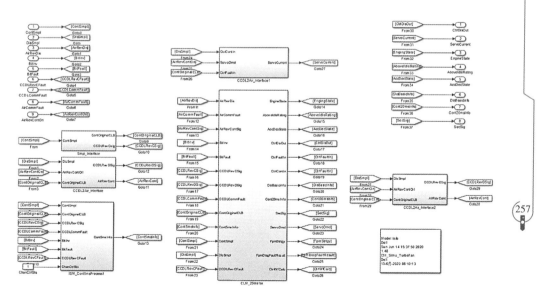

257

图 12-13　民用涡扇发动机控制系统逻辑静态架构图

1）状态机设计状态确认

有限状态机又称为有限状态自动机，是一种用来进行对象行为建模的工具，其作用主要是描述对象在其生命周期内所经历的状态序列，以及如何响应来自外界的各种事件。

有限状态机的建模的核心在于状态分解，而此项工作则因待建模对象的工作环境、运行规律等的不同而变化。基于某型涡扇发动机的设计技术要求，梳理出涡扇发动机状态的设计需求，如表 12-2 所示。

表 12-2 有限状态机状态分解结果

序 号	设计技术要求	状 态 描 述	状 态 变 量
1	起动过程控制	起动状态	Start
2	慢车控制	慢车状态	Idle
3	节流状态控制	节流状态	Throttle
4	加减速状态控制（非加力）	过渡态	Transient
5	最大工作状态控制（非加力）	最大状态	Max
6	停车控制	停车状态	Stop
7	紧急停车控制	紧停状态	EmerStop

2）进行状态机迁移形式化分析

依据上述状态分解结果，考虑实时控制系统离散算法软件运行特性，在 MATLAB/Simulink 环境开展软件设计的状态机的状态变量信息梳理；参考文献［1］中对发动机被控对象的论述，分析获取了一种状态迁移逻辑，如表 12-3 所示。

根据表 12-3，遵循 MATLAB 的语法规则，在 M 文件中定义发动机状态的枚举变量以及结构体变量。

表 12 - 3 　主状态机的状态迁移

序 号	状 态 描 述	状 态 变 量
1	初始状态	Origin
2	待机状态	Standby
3	起动状态	Start
4	慢车状态	Idle
5	节流状态	Throttle
6	过渡态	Transient
7	最大状态	Max
8	停车状态	Stop
9	紧停状态	EmerStop

3）基于模型的状态机设计

利用 MATLAB 的 Stateflow 工具所设计的状态机的状态迁移图如图 12 - 14 所示。其中：Origin 为本状态机的初始状态，对应于离散控制系统的初始状态（第

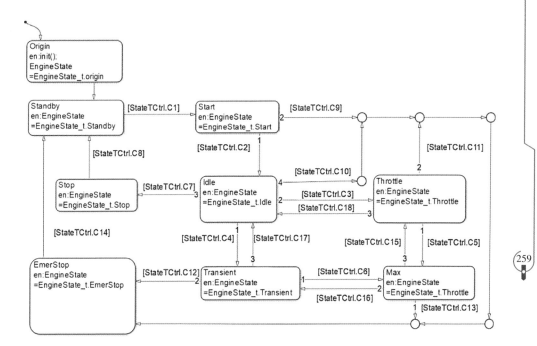

图 12 - 14 　状态机的状态迁移图 Stateflow 模型

一个控制周期）；Standby 为本状态机的待机状态，为进入起动状态（Start）前、停车（Stop）后、紧急停车（EmerStop）后进入的状态。后续可以根据逻辑进入慢车（Idel）、节流（Throttle）、过渡态（Transient）等状态，并在各状态根据实际故障诊断的情况，进行故障处理与诊断，如图 12-15 所示。

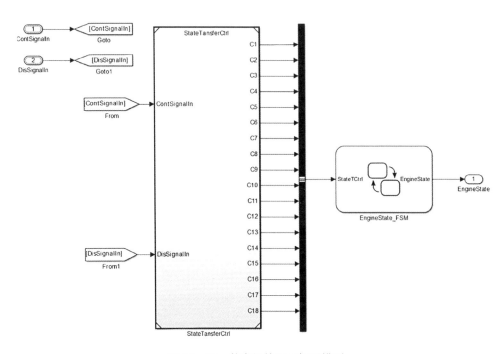

图 12-15　状态机的顶层框图模型

4）状态机优化设计

基于上述状态机设计模型结果，进一步采用结构化分析方法对状态机进行处理，获取状态机的等价模型，如图 12-16 和图 12-17 所示。

图 12-16 为经结构化转换后的状态机的顶层框图，其状态机部分采用逻辑选择模块实现，对每个状态机中的状态迁出至其他状态的逻辑进行计算处理。慢车状态迁出的逻辑模块实现，采用分支逻辑模块实现，从上向下实现了逻辑优先级逐次降低；另外，进一步确保了从当前状态迁出至其他状态时，迁出路径的互斥性和完整性。

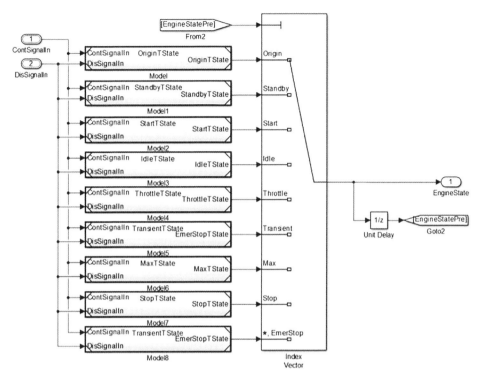

图 12－16　优化设计有限状态机的顶层模型

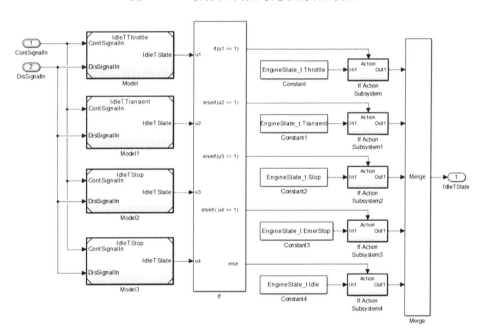

图 12－17　发动机慢车运行有限状态机模型

12.2.3　仿真与验证

1. 被控对象建模

控制系统仿真需要形成闭环的控制回路，一般验证逻辑和算法综合阶段的被控对象模型需采用接近实物部件的特性，被控对象应具有静态特性、动态特性和非线性特性，进而可以对所设计的各种算法和逻辑进行性能和功能验证。

根据民用航空发动机控制系统被控对象的特点，主回路的发动机本体模型特性一般为具有渐变非线性的弱非线性系统，伺服回路的各种作动机构具有较明显的突变非线性。针对这两类被控对象模型的特点，一般发动机模型采用基于物理机理和线性变参数的两种方法进行建模，而各种执行机构则通常采用线性模型叠加非线性的方式进行建模，下面分别对三种建模方式进行介绍。

（1）机理建模。这种方法是一种基于数学物理原理建模的方法，可以在产品的全生命周期进行，建模一般需要各个发动机子部件和系统（风扇、压气机、燃烧室、涡轮等）的静态特性线，主要包括结构容腔和动力学参数等，通过建立描述发动机工作的连续工作方程，采用实时或迭代方法联合求解方程后，给出在给定发动机输入（如环境条件、燃油量、引气量、功率提取量等）条件下发动机的各种状态参数。这种方法的优点是不仅可以支持控制律设计，还可以支持全工作范围的仿真验证；缺点是慢车及慢车以上的稳态性能受部件特性的精度影响很大，而起动过程模型的精度偏差很大。

（2）线性变参数建模。这种方法是一种基于数据建模的方法，在产品试验阶段以后获取足够的稳态和动态数据后开展，不需要对发动机各个子部件的各种动态特性进行关注，只获取采集的发动机输入输出数据即可完成高精度的发动机非线性模型建立。这种方法的优点是稳态精度高，尤其是单输入单输出环节的建模；缺点是受两种及以上的输入之间相互影响不能保证建模精度，需要建立大量的交互影响环节来考虑，另外，针对不同的发动机工作包线，需要分别建立相应的补偿环节。

（3）特性叠加建模。此种模型可以在获取主动态的基础上，在输入、输出串联非线性的环节来实现。例如，燃油计量机构的建模可以采用二阶线性电液伺服阀模型线性积分作动筒环节，在此基础上，在电液伺服阀门前端串联饱和电流非线性环节，在作动筒输出叠加位置饱和非线性环节等。此种方法的优点是稳态精度相对较为准确，缺点是作动机构中复杂的压力特性不能模拟，这个对分析典型的燃油分配和主控回路加速开始的转速下调提出了较大的挑战。

根据以上三种主要的被控对象建模方法特点，在民用涡扇发动机研发的各个阶段，灵活地采用不同方法的特点，组合或优化改进建模精度，进而提升设计仿真和综合仿真的置信度。

2. 模型综合与仿真验证

民用涡扇发动机实时控制系统仿真，需要在分析发动机动态特性、作动机构频响和非线性特性、传感器的频响和精度特性、控制器设计逻辑等基础上，将多个设计的单回路控制器集成，形成一个能够应用于全飞行工作包线和工作状态范围的鲁棒系统。

基于模型的控制系统综合与仿真验证是分级开展的。首先，进行软件算法与控制逻辑的综合与仿真验证，称为模型在环（model in loop，MIL）仿真；其次，进行电子控制器（包含硬件与操作系统平台软件）与控制软件（应用软件）的综合与仿真验证，称为硬件在环（hardware in loop，HIL）仿真；然后，进行电子系统、液压执行系统和传感器系统的综合验证，称为半物理模拟（wit-ring in loop）仿真；最后，进行真实控制系统与真实发动机的综合与验证。四个层级仿真验证的特性如表12-4所示。

表12-4　控制系统综合与仿真逐级验证平台特性

序号	仿真科目	模　　型	实　　物	接　　口	验证目标
1	模型在环仿真	控制律与逻辑、传感器、燃油作动部件、发动机等	—	—	需求的可实现
2	硬件在环仿真	传感器、燃油作动部件、发动机等	控制律与逻辑、EEC	EEC软件/电气/通信接口	主控制算法、时序和逻辑

263

（续表）

序号	仿真科目	模　　型	实　　物	接　　口	验证目标
3	半物理模拟仿真	发动机等	控制软件、EEC、传感器、执行器	EEC 电气/通信/机械接口	伺服控制/信号处理算法
4	发动机试车	—	控制软件、EEC、传感器、执行器、发动机	EEC 电气/通信/机械接口	控制性能故障处理逻辑

图 12-18 展示了基于模型的控制系统集成验证流程。控制系统分步开展模型在环仿真、硬件在环仿真、半物理模拟仿真和发动机试车，这种流程特点是确保下一层级的集成验证重点关注新增"实物"相关需求和设计，降低成本，提升效率；前一层级验证过的需求可以快速建立追溯关系，追溯性强；通过同一个测试用例在不同仿真平台上运行结果分析对比，快速发现差异，改进不完善的环节，增加验证的置信度。

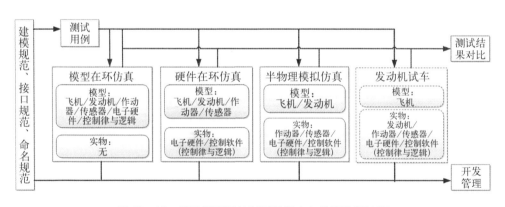

图 12-18　基于模型的控制系统综合与仿真验证流程

图 12-19 所示为基于同一典型测试用例（快推油门杆），模型在环仿真（N1fbk_ MIL 曲线）、硬件在环仿真（N1fbk_ HIL 曲线）和半物理模拟仿真（N1fbk_ WET 曲线）的测试结果，可以看出，三个平台的仿真相应具有较好的一致性，通过此跨平台的测试比对分析，为控制系统装机后开展整机试验验证试

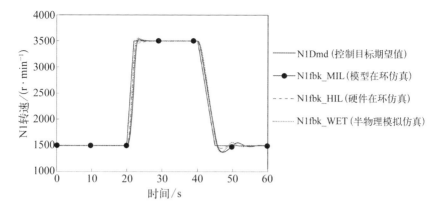

图 12 - 19　基于模型的控制系统综合与仿真验证流程

车提供了具有高置信度的参考。

12.3　基于模型的软件设计

　　发动机控制系统是发动机的中枢神经，控制功能主要功能是通过机载软件来实现的。近些年明显的技术发展趋势是，机载软件所完成的功能越来越多，软件规模越来越大。例如，美国的第四代战斗机 F - 22 的航电系统功能有 80% 是通过软件实现的，F - 22 战斗机的机载软件规模已达到 170 多万条语句[16]。机载软件开发面临着严峻的挑战——软件的开发周期逐渐缩短，软件质量的要求逐渐提高。

　　先进航空发动机机载软件代码量都超过 30 万行，每条代码平均成本为几百美元。传统的机载嵌入式软件设计方法导致软件生命周期长、开发成本高，已经无法满足当前机载嵌入式软件开发的需求[17-18]。

　　基于模型的设计（MBD）是一种用数字化和可视化的方法解决问题和设计相关复杂控制的方法，被广泛应用于动向控制、工业设备、航空航天和汽车等领域。MBD 方法是以图形化的方式表达一系列复杂的数学表达式或逻辑，通过建模进行系统仿真，提前评估系统特性、系统逻辑的准确性。随着技术的发展，

MBD 不仅应用于系统的仿真，也广泛应用于软件的开发过程。

传统的软件开发，特别是航空机载嵌入式系统软件的开发，主要是由软件工程师根据软件需求开展软件架构设计，人工编码，编译集成及软件测试。航空机载嵌入式系统软件编程语言主要为 C 或 Ada 等。而 MBD 模型是由图形化的模块组成，如图 12 – 20 所示。

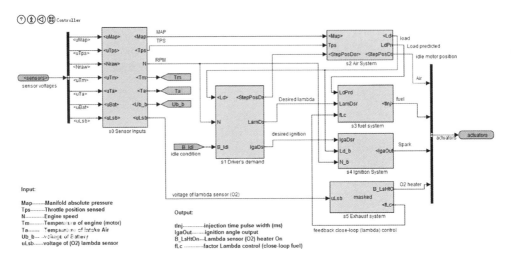

图 12 – 20　MBD 模型示意图

MBD 软件设计方法是以模型为核心的软件设计方法，相比于传统的软件设计方法具有如下优点[19-21]。

（1）模型为图形化表达，更直观，便于理解。

（2）模型设计对编程能力要求不高，非软件专业工程师可以参与到软件开发过程中，并且工程师能更专注于系统功能和逻辑的设计。

（3）系统工程师可以基于模型开展仿真和验证，提前验证系统及软件需求的正确性。传统的软件开发流程如图 12 – 21（a）所示，系统工程师定义好系统需求及软件高层需求，软件工程师根据软件高层需求完成软件设计，再完成人工编码及集成，然后才能开展软件低层需求测试及高层需求测试等验证活动。而 MBD 软件开发流程如图 12 – 21（b）所示，从系统需求到软件高层需求，都可以通过模型表达或通过模型仿真验证模型，软件设计过程也转化为模型设计过程，模型本身就是软件低层需求，可以通过模型仿真验证模型设计是否正确，是否符合软件高层需求。在 V 模型的左侧能提前开展部分确认和验证活动，从而提高软件开发质量，缩短软件开发时间。

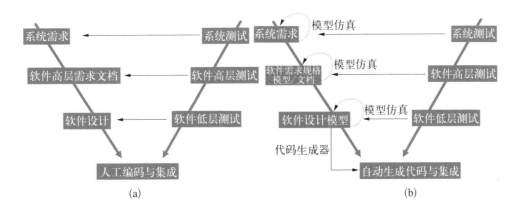

图 12-21　软件开发流程

（a）传统软件开发流程；（b）MBD 软件开发流程

MBD 软件设计方法相比于传统的软件设计方法具有如下缺点。

（1）模型设计没有人工编码灵活性高。

（2）模型自动生成代码的可读性较差，代码量较大；随着模型工具的发展，代码可读性和代码效率都在不断提高。

（3）由于模型是图形化的表达方式，不便于对模型之间的差异进行比较。

12.3.1　软件模型类型

RTCA 2011 年发布的 DO‑178C 标准对软件 MBD 开发适航过程提出一个补充文件 *Model-Based Development and Verification Supplement to DO‑178C and DO‑278A*，称为 DO‑331 标准。DO‑331 针对生命周期过程基于模型的软件设计开发给出适航符合性方法的参考建议。

DO-331 将软件模型分为两种：需求规格模型和设计模型（见表12-5）。一个模型不能够既作为需求规格模型，又作为设计模型。具体定义如下。

表 12-5　基于模型设计的几种应用类型

生命周期过程	类型 1	类型 2	类型 3	类型 4	类型 5
系统需求和系统设计过程	分配给软件的需求	需求来源于已开发的模型	需求来源于已开发的模型	需求来源于已开发的模型	需求来源于已开发的模型
软件需求和软件设计过程	需求来源于已开发的模型	需求规格模型	需求规格模型	设计模型	设计模型
	设计模型	设计模型	文本化的设计		
软件编码过程	源代码	源代码	源代码	源代码	源代码

（1）需求规格模型。需求规格模型代表软件高层需求，提供软件应具备的功能、性能、接口或安全性特征。需求规格模型应该是清晰的、明确的，不会对理解软件功能产生歧义。需求规格模型不应包含具体的软件实现或软件架构设计等属于软件设计活动的内容。需求规格模型只能表达软件高层需求，而不应该表达低层需求及软件架构。

（2）设计模型。设计模型规定软件模块的内部数据结构、数据流、控制流。设计模型包含低层需求或架构。设计模型用于产生代码。

表 12-5 中类型 1 的应用如图 12-22 所示，软件高层需求是基于模型开发的文本需求，软件架构和低层需求由设计模型表示，然后由设计模型产生源代码，最后产生可执行目标码。

表 12-5 中类型 2 的应用如图 12-23 所示，一部分需求是根据模型编写的文本需求，另一部分需求用模型表示，低层需求和软件架构都用设计模型表示，没有文本的软件架构和低层需求，由设计模型产生源代码和可执行目标码。

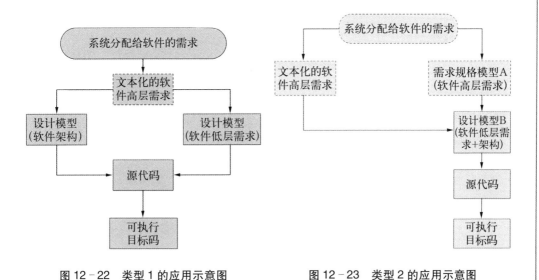

图 12-22　类型 1 的应用示意图　　　　图 12-23　类型 2 的应用示意图

表 12-5 中类型 3 的应用如图 12-24 所示，部分需求用需求规格模型表示，低层需求和架构设计用文本表示，根据低层需求和设计架构，编写源代码，产生可执行目标码。

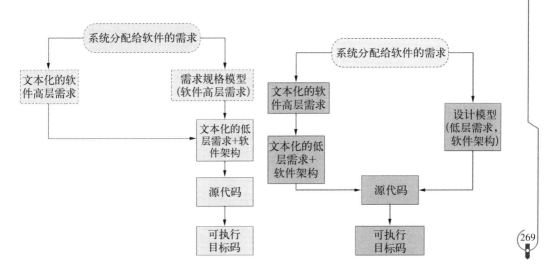

图 12-24　类型 3 的应用示意图　　　　图 12-25　类型 4 的应用示意图

表 12-5 中类型 4 的应用如图 12-25 所示，部分功能按照传统的文本高层需

求、软件架构和软件低层需求,产生源代码和可执行目标码。而部分功能直接系统分配给软件的需求产生设计模型,省去高层需求。

表 12 - 5 中类型 5 的应用如图 12 - 26 所示,部分功能按传统的系统需求、软件高层需求、软件架构设计、软件低层需求到源代码和可执行目标码。而部分功能直接由系统需求到设计模型,省去了系统分配到软件的需求和软件高层需求。

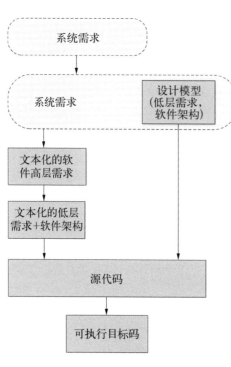

图 12 - 26　类型 5 的应用示意图

对于复杂逻辑的机载软件,如航空发动机控制软件等,一般工程项目中多采用类型 1 或类型 2 的模型设计流程。在需求开发过程中也会利用模型仿真的方法辅助设计算法、逻辑等,但是软件高层需求多采用文本化的需求作为软件设计的正式输入,或者一部分算法等需求采用需求规格模型表示。然后,在软件设计过程中采用设计模型作为软件低层需求,通过设计模型自动生成源代码。通过以上过程,软件工程师把更多精力放在模型设计和仿真验证环节,提前发现模型的错误,即设计本身的错误和漏洞等,而代码质量由模型代码生成器保证,进而提高软件开发质量和效率。

12.3.2　模型设计

在目前的航空发动机控制系统软件中,大多数是设计模型。系统需求及软件高层需求采用文本化的需求,但是会用到模型仿真技术作为系统软件需求及软件高层需求开发的方法,将模型直接作为软件高层需求的项目较少。因此,本节主要围绕设计模型的设计活动展开论述。

模型设计流程如图 12 – 27 所示。

（1）模型设计：根据软件高层需求，按照规定的模型设计标准设计模型。

● 输入：软件高层需求、软件架构。

● 活动：根据高层需求和软件架构，遵照模型设计标准，完成模型设计。

● 输出：设计模型及相应的数据文件、配置文件等。

● 退出准则：设计模型能够通过编译、无错误。

（2）模型仿真：模型设计完成后，应开展模型仿真验证模型的功能是否满足高层需求。

● 输入：软件高层需求、设计模型。

● 活动：根据高层需求开发仿真用例、仿真规程；建立仿真环境；执行仿真；分析仿真结果。

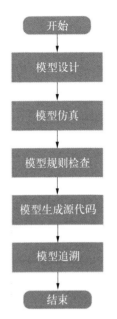

图 12 – 27　模型设计流程

● 输出：模型仿真用例、模型仿真规程、模型仿真结果、模型仿真环境。

● 退出准则：模型仿真结果符合软件高层需求。

（3）模型规则检查：检查设计模型是否符合模型设计标准。

● 输入：模型设计标准、设计模型。

● 活动：检查设计模型是否符合模型设计标准。

● 输出：模型规则检查报告。

● 退出准则：设计模型符合模型设计标准或对不符合项进行说明，并获得批准。

（4）模型生成源代码：利用模型代码生成器自动生成源代码。

● 输入：设计模型。

● 活动：利用模型代码生成器自动生成源代码。

● 输出：源代码。

● 退出准则：模型正确生成源代码。

（5）模型追溯：建立设计模型与高层需求的追溯关系。

- 输入：设计模型。
- 活动：利用模型追溯工具或表格等建立设计模型与软件高层需求的追溯关系。
- 输出：追溯数据。
- 退出准则：设计模型与软件高层需求的追溯关系已正确建立。

12.3.3　基于模型设计的软件开发方法适航简介

国际上航空机载软件适航标准主要采用的是美国航空无线电技术委员会发布的 RTCA DO‐178C 标准 *Software Consideration in Airborne Systems and Equipment Certification*。由于软件是一种抽象逻辑，很难通过最终的一系列试验表明软件的质量，DO‐178C 是针对软件整个生命周期过程所要做的活动及活动目标的标准。DO‐178C 标准将软件的生命周期模型划分为如下过程。

（1）软件策划过程。完成软件生命周期策划，完成软件合格审定计划、软件开发计划、软件验证计划、软件配置管理计划、软件质量保证计划，完成软件需求标准、软件设计标准和软件编码标准的制定。

（2）软件开发过程。包括软件需求过程、软件设计过程、软件编码过程、软件集成过程。

（3）软件综合过程。包括软件验证过程、软件配置管理过程、软件质量保证过程和软件适航联络过程。软件综合过程贯穿于软件开发的整个生命周期。

基于模型设计的软件适航认证需要满足以下要求。

（1）模型仿真作为适航符合性方法的要求。

基于 MBD 的软件开发，可以将验证活动提前，如果采用了需求规格模型，能在高层需求开发过程中通过模型仿真等方法验证高层需求与系统需求的符合性、可验证性、算法正确性等，如果采用了设计模型，可以在低层需求分析过程中验证低层需求与高层需求的符合性、可验证性、算法正确性等。

如果采用模型仿真的方法作为软件适航的符合性方法之一，则需要满足 DO‐331 标准中对基于模型设计的 A 级软件的目标要求，共有 83 个；DO‐178C 中对于 A 级软件要完成的目标共有 71 个。针对模型仿真，DO‐331 标准对于软件开发过程、软件需求过程输出的验证、软件设计过程输出的验证和验证过程结果的验证四个过程提出了额外要求。除了要满足 DO‐178C 标准的目标要求外，还需要满足相应的额外要求，如表 12‐6 所示。

表 12‐6　DO‐331 相比于 DO‐178C 的额外要求

序号	软 件 过 程	DO‐331 额外要求
1	软件开发过程	• 需求规格模型中不作为对高层需求执行和实现的元素被识别 • 设计模型中不作为对软件架构执行和实现的元素被识别 • 设计模型中不作为对软件低层需求执行和实现的元素被识别
2	软件需求过程输出的验证	• 仿真用例是正确的，仿真规程是正确的 • 仿真结果是正确的，差异得到解释
3	软件设计过程输出的验证	• 仿真用例是正确的，仿真规程是正确的 • 仿真结果是正确的，差异得到解释
4	验证过程结果的验证	• 仿真用例是正确的 • 仿真规程是正确的 • 仿真结果是正确的，差异得到解释

（2）模型工具鉴定的要求。

DO‐178C 标准中对于工具是否需要做工具鉴定的定义如下：如果采用了工具后，DO‐178C 标准规定的过程被消除、减少，或者过程被自动化且过程的输出没有按照要求验证，这样的工具需要做工具鉴定。

对于 MBD 软件开发，目前主要的模型开发工具都有代码生成器，由模型直接生成代码，省去了传统的编码过程。按照 DO‐178C 标准的要求，如果项目中仅使用代码生成器自动生成代码，而源代码的验证活动并没有减少或省略，这种使用方式的代码生成器可以不做工具鉴定。因为源代码相关的验证目标仍然按要求开展工作，没有省去相应的验证活动，所以不需要做工具鉴定。如果源代码相关的验证目标靠代码生成器来保证，如源代码符合低层需求、源代码符合编码标准等目标被省去，代码生成器就需要做工具鉴定，以证明工具的符合性。为了提高软件开发及适航效率，往往采用后者，所以代码生成器需要做工具鉴定。

12.3.4 模型设计工具

目前，广泛用于汽车、核电、航空行业的软件模型设计工具主要有 MathWorks 公司的 MATLAB/Simulink 和 Ansys 公司的 SCADE 工具。

1. MATLAB/Simulink

MathWorks 公司基于模型设计的工具涵盖了系统到软件、模型到代码、设计到验证的活动，主要包括以下工具模块。

（1）MATLAB：分析数据、开发算法及创建数学模型。

（2）Simulink：嵌入式系统建模和仿真。

（3）Stateflow：使用状态机与流程图进行决策逻辑的建模和仿真。

（4）Simulink Coder、Embedded Coder：模型代码生成器。

（5）Simulink Test：基于模型仿真的测试管理。

（6）Simulink Check：模型规则检查等。

其中，很多工具模块通过了 DO－178C 标准的工具鉴定，但是目前代码生成器还未通过 DO－178C 标准的工具鉴定，因此模型生成的代码还需要按照 DO－178C 标准的要求完成相关验证目标。

2. SCADE

SCADE 是 Ansys 公司旗下 Esterel 公司开发的高安全性应用开发环境（safety critical application development environment，SCADE）。

SCADE 工具提供一套基于模型的从系统到软件、从模型到代码、从设计到验证的解决方案，如图 12－28 所示。

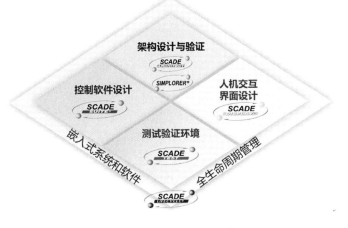

图 12 - 28　SCADE 工具

其中，SCADE 的模型代码生成器 KCG 通过了 DO‐178C TQL1 工具鉴定，购买适航数据包，获取工具鉴定的数据，可以减少对模型自动生成代码的验证工作。

3. 模型示例

下面介绍一个基于 SCADE 模型的软件设计示例。

需求：求两个整数的和。

设计：SCADE 模型设计如图 12‐29 所示。

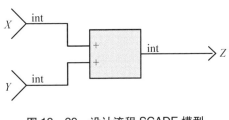

图 12 - 29　设计流程 SCADE 模型

代码：手写代码与 SCADE 模型自动生成代码如图 12‐30 所示。

手写代码	SCADE模型自动生成代码

```
int Addition(int x,int y)
{
        int z=0;
        z=x+y;
        return z;
}
```

```
typedef struct {
  int  X;
  int  Y;
}IN;

typedef struct {
  int Z;
} OUT;

void Operator1(IN  *inC, out  *outC)
{
  outC->Z = inC->X + inC->Y;
}
```

图 12-30　手写代码与 SCADE 模型自动生成代码

12.4　基于物理架构的控制系统多领域建模与分析

航空发动机控制系统是集机械、电子、液压、热力、气动、控制等多个学科于一体的多领域耦合复杂物理系统。当前建模与仿真方法在其专业领域内采用专用工具和流程单独开展仿真，若涉及其他子系统，往往采取简化或理想的方式代替，仅关注本领域内的仿真性能，难以获得系统的发动机全包线范围内的特性。随着航空发动机仿真技术的深入应用，不同部件系统、不同学科特性集成模拟越来越重要，基于单学科的传统设计模式不能满足航空发动机整机多学科集成仿真的现实要求，主要表现在：① 单学科设计工具在其专业领域功能相当完善，但是对于来自其他领域的组件描述能力比较有限，无法支持多领域物理系统的建模与仿真，而且分散于各软件平台中的异构模型难以进行体系化管理；② 现有单学科工具不能完全实现系统仿真的自动化，对复杂的多领域耦合系统求解效率低；③ 单学科建模设计语言无法相互兼容，缺乏一个通用的各专业模型集成框架，各学科详细的设计信息无法连通；④ 各专业领域的建模与仿真过度依赖专用工具，各专业模型数据难以兼容，受限于专业软件数据接口而无法实现多学科耦合仿真。

全数字动态模型采用基于 Simulink 的燃油控制系统简化模型，目前仅能通过输入控制电流、计算电液伺服阀伺服流量，从而实现对活门位移、动态响应时间等的仿真分析。AMESim 燃油系统模型是根据实际物理结构建模，可以通过输入电液伺服阀控制电流、计算型孔开度、伺服流量，计算燃油系统各活门结构的受力情况、位移速度、动态响应时间以及计算燃油系统各处的燃油压力、燃油温升等。由于缺乏统一的联合仿真集成环境，目前的全数字动态模型中的燃油系统模型尚未使用更精细化的 AMESim 模型替代开展联合仿真工作。

为制定通用仿真模型的封装接口标准，欧洲发展信息技术计划（ITEA2）2008 年提出了 Modelisar 项目，该项目将模型封装接口标准称为功能样机接口（functional mockup interface，FMI）。FMI 标准定义了模型描述格式和数据存储格式，解决了异构仿真软件由于接口技术的不统一带来的诸多联合仿真问题。截至 2017 年 5 月，已有 96 个全球领先的专业设计（如 CATIA、MATLAB/Simulink，Ansys Simplorer 等）仿真软件、软件在环、硬件在环、软件开发 CAD 等工具支持 FMI 标准。基于 FMI 标准封装的仿真模型称为功能样机单元（functional mockup unit，FMU），可实现模型知识产权保护和快速模型集成封装。

鉴于各专业设计语言难以互相兼容的局面，国际系统仿真界提出了一种全新的基于方程的多领域统一建模语言 Modelica。Modelica 语言主要基于数学方程的陈述式建模语言描述不同领域子系统的物理规律和现象，根据物理系统的拓扑结构基于部件连接机制实现模型构成和多领域集成，通过求解微分代数方程系统实现仿真运行，基于统一建模语言具有领域无关的通用模型描述能力，具备模型重用性高、建模简单方便和模型贴近实际物理系统等优点，能够实现复杂系统不同领域子系统模型间的无缝集成。

为了更精确地针对控制系统、发动机及其他系统进行仿真，建立全包线多学科的性能模型，如图 12-31 所示。模块主要包括：基于 C 语言或 Fortran 的高精度发动机稳态/非稳态仿真模型；基于 AMESim 软件建立的实现计量和分配到燃烧室的燃油以及控制发动机各可调机构和放气引气活门的燃油系统模型；基于 Flowmaster 软件建立的滑油系统模型；基于 C 语言或 Fortran 的空气系统流

图 12-31　公司已有性能模型概况

路网络模型；基于 Simulink 软件建立的发动机控制系统逻辑模型等。

　　全包线综合全数字控制仿真的模型来自不同学科专业，采用不同的设计语言，在多专业模型集成需求中，尽量使用 Modelica 语言模型建模，并采用 FMI 集成，如果无法使用 Modelica 模型或 FMI 模型，则根据各自模型的现状，采用最适合的集成方法。全包线综合全数字控制仿真过程中涉及各专业模型、模型的转换与集成、系统模型的联合仿真、仿真结果的可视化与分析 4 个阶段。在不同的阶段需要完成相应的工作，为下一阶段提供输入，联合仿真流程如图 12-32 所示。

　　1. 各专业模型预处理

　　针对发动机系统模型、滑油系统模型、空气系统模型、燃油系统模型、短舱系统模型、控制系统模型、操作系统模型和飞机系统模型进行处理，包括接口调整、求解调整等，符合联合仿真需求，同时针对提交的模型需要进行单系统测试。单系统测试一方面是检查所提交的系统模型是否运行正确，另一方面是提供对比测试的测试用例、输入数据、仿真设置和输出数据，为模型封装与导入之后的对比测试提供模型资源。

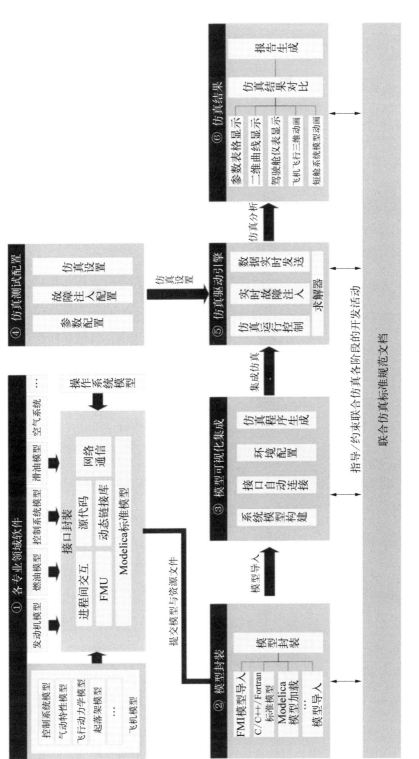

图 12－32 联合仿真流程

2. 模型封装与导入

将现有的各专业模型根据模型转换技术文档的要求，进行标准化封装，考虑上述各类模型的形式以及特点，可以通过五种方式进行封装集成：① 将直接支持 FMI 的模型（FMU）导入系统；② 将支持代码生成的系统模型生成代码或动态链接库，再对代码/动态链接库进行自动封装与导入；③ 基于模式组件封装的集成；④ 基于网络通信接口的模型集成；⑤ 针对模型本身尚未支持联合仿真的情况，通过其专用软件接口或组件来实现仿真过程中的数据交互。

3. 仿真测试配置

在联合仿真软件中将封装好的各个模型导入，根据各专业模型提供的模型资源说明，进行相同的输入数据和仿真设置，再进行仿真。将模型测试结果与原始模型的测试结果进行对比，检查模型转换后是否计算正确，对模型转换工作进行正确性检查，确保用于集成的模型是正确的。

4. 模型可视化集成

在联合仿真软件中将封装好的各个模型导入，根据各专业模型提供的接口说明，按照系统之间的交联关系完成可视化连接，配置各个模型间的参数接口，完成系统联合仿真模型的集成。系统支持自动连接，自动连接后进行匹配性检查，对于不匹配的接口予以提示。

5. 仿真驱动引擎

在仿真前进行仿真的配置包括仿真初始参数的设置、仿真算法的设置、仿真步长周期的配置、批量仿真的设置，仿真驱动引擎能够对系统仿真运行过程进行控制，包括开启、暂停、停止、（软）实时仿真等，并将仿真数据实时发送。

6. 数据处理与显示

通过仿真数据展示以及后处理的功能，进行仿真数据的分析，并且对仿真结果数据进行分析。

针对发动机系统模型、滑油系统模型、空气系统模型、燃油系统模型、短舱系统模型、控制系统模型、操作系统模型以及飞机系统模型采用不同的建模软件进行开发设计。对于联合仿真工作，需要对不同软件建立的发动机各系统专业模型进行导出、封装与导入处理，这就是联合仿真过程中的模型转换。根据前期对各专业模型建模软件的调研和技术路线制定，各专业模型的转换集成方式如表12-7所示。

表12-7　各专业模型转换集成方式

序号	系　　统	建模工具	模型形式	转换方式
1	发动机系统	Fortran	Fortran 模型	DLL 代码集成
2	滑油系统	Flowmaster	Flowmaster 模型	COM 组件集成
3	空气系统	Fortran	Fortran 模型	IPO 集成
4	控制系统	Simulink	Simulink 模型	DLL 代码集成
5	燃油系统	AMESim	AMESim 模型	DLL 代码集成
6	短舱系统	VC	C#模型	C 代码集成
7	控制系统仿真模型	Simics	Simics 模型	网络通信集成
8	飞机系统模型	MWorks	Modelica 模型	源代码集成

在联合仿真软件中，导入已经预处理好的航空发动机各专业模型，根据各个模型接口说明，按照系统之间的交联关系完成可视化连接，配置模型间的参数接口，完成系统联合仿真模型的集成，如图12-33所示。

完成模型集成后进行仿真配置，设置仿真初始参数、仿真算法、仿真步长周期等。在全包线飞发综合全数字控制仿真中，设置相应的仿真参数，仿真数据结果如图12-34所示。图12-34中展示了飞机的姿态角（俯仰、滚转、偏航）、发动机的高压轴转速、涡轮出口温度、燃油流量曲线，以及燃油、滑油的流量和温度的二维显示等。启动时间范围内，控制系统控制燃油流量、起动放气等，完成发动机起动过程使其进入慢车状态；然后油门杆推至最大角度，控制系统控制燃油流量增大，保证发动机转速、推力增大。

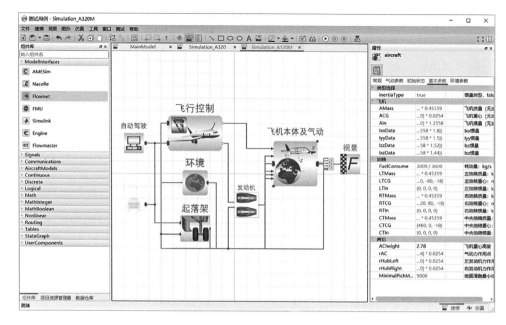

图 12‑33　模型集成

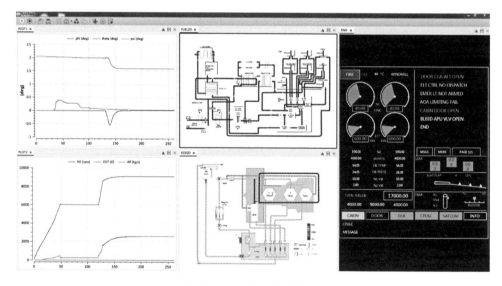

图 12‑34　仿真数据结果

12.5　总结

民用涡扇发动机控制系统是航空界高复杂度系统的典型代表，目前，可开展控制系统全数字建模与仿真的图形化工具有 MATLAB、SCADE、Flowmaster、AMESim 等，可支持控制系统在设计阶段的高效率建模和仿真。灵活地采用不同方法的特点，组合或优化改进建模精度，可以提升设计仿真和综合仿真的置信度。基于模型的控制系统综合与仿真验证是分级开展的，可分为模型在环仿真、硬件在环仿真、半物理模拟仿真、真实的发动机进行综合与验证。

基于模型的设计广泛应用于航空发动机控制系统软件的开发过程，其优点包括：模型采用图形化表达，较为直观，便于理解；模型设计对编程能力要求不高，非软件专业工程师可以参与到软件开发过程中，并且工程师能更专注于系统功能和逻辑的设计。

航空发动机控制系统是集机械、电子、液压、热力、气动、控制等多个学科于一体的多领域耦合复杂物理系统，为了更精确地对控制系统、发动机及其他系统进行仿真，建立全包线多学科的性能模型，包括基于 C 语言或 Fortran 的仿真模型、基于 AMESim 软件建立的模型、基于 Flowmaster 软件建立的模型，以及基于 Simulink 软件建立的逻辑模型等。

参考文献

［1］樊思齐.航空发动机控制［M］.西安：西北工业大学出版社，2008.

［2］JAW L C，MATTINGLY J D. Aircraft engine controls：design，system analysis，and health monitoring［M］. Reston：AIAA，2009.

［3］姚华.航空发动机全权限数字电子控制系统［M］.北京：航空工业出版社，2014.

［4］CULLEY D. Transition in gas turbine control system architecture：modular，distributed，and embedded：NASA/TM‐2010‐216806［R］. Ohio：National

Aeronautics and Space Administration, 2010.

[5] KUHLBERG J F, NEWIRTH D M. Digital electronic propulsion control system problems and payoffs [J]. Journal of Aircraft, 1976, 13 (4): 279 – 285.

[6] BARCLAY B A. FADEC — Digital propulsion control of the future [C]. AIAA/SAE 12th Propulsion Conference, Palo Alto, CA, AIAA – 76 – 652, 1976.

[7] SMITH T B. The impact of digital computer technology on flight systems [C]. Atmospheric Flight Mechanics Conference for Future Space Systems, Boulder, CO, AIAA – 1979 – 1641, 1979.

[8] KUHLBERG J, ZIMMERMAN W. Flight testing of an all electronic propulsion control system [C]. AIAA/SAE/ASME 16th Joint Propulsion Conference, Hartford. CT, AIAA – 80 – 1147, 1980.

[9] PECK W C. Accelerating reliability growth of electronic propulsion controls in the 1980's [C]. AIAA/SAE/ASME 16th Joint Propulsion Conference, Hartford, CT, AIAA – 80 – 1148, 1980.

[10] BARRETT W J , REMBOLD J P , BURCHAM F W , et al. Flight test of a full authority digital electronic engine control system in an F – 15 aircraft [C]. AIAA/SAE/ASME 17th Joint Propulsion Conference, Colorado Springs, AIAA – 81 – 1501, 1981.

[11] MYERS L. Flight test results of a digital electronic engine control system in an F – 15 airplane [C]. AIAA/SAE/ASME 18th Joint Propulsion Conference, Cleveland, OH, AIAA – 82 – 1080, 1982.

[12] JOHNSON J B, NELSON J. Flight evaluation of the DEEC secondary control air-start capability: NASA TM – 84910 [R]. Ohio: National Aeronautics and Space Administration, 1983.

[13] CORY R. Lessons learned in the development of a digital electronic engine control [C]. AIAA/SAE/ASME 20th Joint Propulsion Conference,

Cincinnati, OH, AIAA84－1335, 1984.

[14] FIEBIG D. Full authority digital electronic engine control system provides needed reliability［C］. AIAA/SAE/ASME/ASEE 26th Joint Propulsion Conference, Orlando, FL, AIAA 90－2037, 1990.

[15] JAW L C, GARG S. Propulsion control technology development in the united states a historical perspective：NASA/TM－2005－213978［R］. Ohio：National Aeronautics and Space Administration, 2005.

[16] 蔡喁, 郑征, 蔡开元, 等. 机载软件适航标准 DO－178B/C 研究［M］. 上海：上海交通大学出版社, 2013.

[17] NORTHROP L. Ultra-large-scale systems：the software challenge of the future［D］. Pittsburgh：Carnegie Mellon University, 2006.

[18] 王文全, 宋科璞, 王勇, 等. 基于模型驱动的机载嵌入式软件应用［J］. 计算机技术与发展. 2013, 23（8）：145－148.

[19] 刘富荣. 基于模型的商用发动机机载软件开发方法［J］. 自动化仪表. 2017, 38（6）：26－30.

[20] 方伟, 周彰毅. SCADE 在航空发动机 FADEC 软件开发中的应用［J］. 航空发动机, 2016, 42（5）：43－47.

[21] RTCA. Software consideration in airborne system and equipment certification：DO－178C－2011［S］. 2011.

专有名词和缩略语

缩略语	英文全称	中文释义
2D	two-dimensional	二维
3DE	3DEXPERIENCE	三维体验
3D	three-dimensional	三维
ACP	audio control panel	音频控制板
Actor	—	行为/行动者
Ada	Ada programming language	Ada 程序设计语言
AMESim	advanced modeling environment for performing simulation of engineering systems	西门子公司多学科领域复杂系统建模仿真工具
ASA	aircraft safety assessment	飞机安全性评估
ARINC	Aeronautical Radio Inc.	美国航空无线电公司
ARP	aerospace recommended practice	航空推荐项目
BBP 3.0	Better Buying Power 3.0	更好的购买力3.0
BDD	block definition diagram	模块定义图
CAD	computer aided design	计算机辅助设计
CATIA	computer aided three-dimensional interactive application	交互式计算机辅助三维设计软件
CFD	computational fluid dynamics	计算流体动力学
CFMI	Commercial Fan Snecma international	CFM 国际发动机公司

ConOps	concept of operation	操作概念
CVR	cockpit voice recorder	驾驶舱录音机
DBE	digital based enterprise	数字化企业
DCP	display control panel	显示控制板
DFD	data flow diagram	数据流图
DOORS	—	IBM 公司需求管理工具
DT	digital thread	数字主线
Dymola	—	达索系统公司 MBSE 工具
ECU	electronic controller unit	电子控制器
EEC	engine electronic controller	发动机电子控制器
eFFBD	enhanced function flow block diagram	增强功能流框图
ENOVIA	the collaborative innovation application	达索协同技术应用
ETOPS	extended long range operations	延程运行
FADEC	full authority digital engine control	全权限数字发动机控制系统
FAST	function ayalysis system technology	功能分析系统技术
FCP	flight control panel	飞行控制板
FDR	flight data recorder	飞行数据记录器
FHA	functional hazard assessment	功能危险性评估
FMI	functional mock-up interface	功能模型接口
FMU	functional mock-up unit	功能模型单元
Fortran	Formula Translation	高级程序设计语言的编译器
GE	General Electric company	通用电气公司
HIL	hardware in loop	硬件在环仿真
HUD	head up display	平视显示器

IAE	International Aero Engines	国际航空发动机公司
IBD	internal block diagram	内部模块图
ICD	interface control document	接口控制文档
IBM	International Business Machines Corporation	国际商业机器公司
IEC	International Electrical Committee	国际电工委员会
INCOSE	the International Council on Systems engineering	系统工程国际委员会
INS	inertial navigation system	惯性导航系统
ISI	intergrated standby instrument	集成备用仪表
ISO	international organization for standardization	国际标准化组织
JPL	Jet Propulsion Laboratory	喷气推进实验室
MagicDraw	—	达索系统公司的 MBSE 工具
MathModelica	—	Wolfram Research 公司系统科学计算软件
MBD	model-based design	基于模型的设计
MBSE	model-based systems engineering	基于模型的系统工程
MFD	multi function display	多功能显示器
MIL	model in loop	模型在环仿真
MRB	Material Review Board	器材评审委员会
MTBF	mean time between failure	平均无故障工作时间
Modelica	—	多领域物理建模语言
Mworks	—	同元软控公司 MBSE 工具
N1	—	发动机低压轴转速
N1dot	—	发动机低压轴转速加速度

N2	—	发动机高压轴转速
N2dot	—	发动机高压轴转速加速度
ND	navigation display	导航显示
NX	Next Generation	西门子数字化产品开发系统
OEM	original equipment manufacturer	原始设备制造商
OMG	object management group	对象管理组织
OOSEM	object-oriented system engineering method	面向对象的系统工程方法
OPD	object-process diagrams	对象过程图
OPL	object-process language	对象过程语言
OPM	object-process methodology	对象过程方法
PASA	preliminary aircraft safety assessment	初步飞机安全性评估
PFD	primary flight display	主飞行显示器
PSSA	preliminary system safety assessment	初步系统安全性评估
QAR	quick access recorder	快速存取记录器
QFD	quality function deployment	质量功能展开
Rhapsody	—	IBM 公司模型驱动可视化开发工具
RIU	radio interface unit	无线电接口装置
R-R	Rolls-Royce	罗尔斯罗伊斯公司
RSE	Rational system engineering	Rational 系统工程方法
RUP SE	rational unified process for systems engineering	系统工程统一软件开发过程
RVSM	reduced vertical separation minimum	最小垂直间距标准
SA	state analysis	状态分析

SAE	Society of Automotive Engineers	汽车工程师协会
SA-RT	system analysis-real time	系统分析与实时
SADT	structured analysis design technique	结构化分析设计技术
SCADE	safety-critical application development environment	ANSYS 公司高安全性的应用程序开发环境
SOI	system of interest	关注系统
SoS	system of system	多系统的系统
SSA	system safety assessment	系统安全性评估
Stateflow	—	MATLAB/Simulink 中基于有限状态机和流程图构建组合和时序逻辑决策模型的仿真环境
STEP	standard for the exchange of product model data	产品模型数据交互规范
Stakeholder	—	利益攸关方
SysML	systems modeling language	系统建模语言
TC	team center	团队中心
TSE	text based systems engineering	基于文档的系统工程
UML	unified modeling language	统一建模语言
VORD	—	面向视点的需求定义
V&V	verfication & validation	验证与确认
VR	virtual reality	虚拟显示

索 引

大飞机出版工程
国家出版基金项目书目

一期(总论系列)书目

　　《超声速飞机空气动力学和飞行力学》(译著)

　　《大型客机计算流体力学应用与发展》

　　《民用飞机总体设计》

　　《飞机飞行手册》(译著)

　　《运输类飞机的空气动力设计》(译著)

　　《雅克-42M 和雅克-242 飞机草图设计》(译著)

　　《飞机气动弹性力学和载荷导论》(译著)

　　《飞机推进》(译著)

　　《飞机燃油系统》(译著)

　　《全球航空业》(译著)

　　《航空发展的历程与真相》(译著)

二期(结构强度系列)书目

　　《大型客机设计制造与使用经济性研究》

　　《飞机电气和电子系统——原理、维护和使用》(译著)

　　《民用飞机航空电子系统》

　　《非线性有限元及其在飞机结构设计中的应用》

　　《民用飞机复合材料结构设计与验证》

　　《飞机复合材料结构设计与分析》(译著)

　　《飞机复合材料结构强度分析》

　　《复合材料飞机结构强度设计与验证概论》

　　《复合材料连接》

　　《飞机结构设计与强度计算》

三期(适航系列)书目

　　《适航理念与原则》

《适航性：航空器合格审定导论》(译著)

《民用飞机系统安全性设计与评估技术概论》

《民用航空器噪声合格审定概论》

《机载软件研制流程最佳实践》

《民用飞机金属结构耐久性与损伤容限设计》

《机载软件适航标准 DO‐178B/C 研究》

《运输类飞机合格审定飞行试验指南》(编译)

《民用飞机复合材料结构适航验证概论》

《民用运输类飞机驾驶舱人为因素设计原则》

四期(航空发动机系列)书目

《航空燃气涡轮发动机工作原理及性能》

《航空发动机结构强度设计问题》

《航空燃气轮机涡轮气体动力学：流动机理及气动设计》

《先进燃气轮机燃烧室设计研发》

《航空燃气涡轮发动机控制》

《航空涡轮风扇发动机试验技术与方法》

《航空压气机气动热力学理论与应用》

《燃气涡轮发动机性能》(译著)

《航空发动机进排气系统气动热力学》

《燃气涡轮推进系统》(译著)

《燃气涡轮发动机的传热和空气系统》

五期(民机飞行控制系列)书目

《民机飞行控制系统设计的理论与方法》

《民机导航系统》

《民机液压系统》(英文版)

《民机供电系统》

《民机传感器系统》

《飞行仿真技术》

《民机飞控系统适航性设计与验证》

《大型运输机飞行控制系统试验技术》

《飞行控制系统设计和实现中的问题》(译著)

《现代飞机飞行控制系统工程》

六期(民机先进制造工艺系列)书目

《民用飞机构件先进成形技术》

《民用飞机热表特种工艺技术》

《航空发动机高温合金大型铸件精密成型技术》

《飞机材料与结构检测技术》

《民用飞机构件数控加工技术》

《民用飞机复合材料结构制造技术》

《民用飞机自动化装配系统与装备》

《复合材料连接技术》

《先进复合材料的制造工艺》(译著)

七期(ARJ21 新支线飞机技术系列)书目

《支线飞机设计流程与关键技术管理》

《支线飞机验证试飞技术》

《支线飞机电传飞行控制系统研发及验证》

《支线飞机适航符合性设计与验证》

《支线飞机市场研究技术与方法》

《支线飞机设计技术实践与创新》

《支线飞机项目管理》

《支线飞机自动飞行与飞行管理设计与验证》

《支线飞机电磁环境效应设计与验证》

《支线飞机动力装置系统设计与验证》

《支线飞机强度设计与验证》

《支线飞机结构设计与验证》

《支线飞机环控系统研发与验证》

《支线飞机运行支持技术》

《ARJ21－700 新支线飞机项目发展历程、探索与创新》

《飞机运行安全与事故调查技术》

《基于可靠性的飞机维修优化》

《民用飞机实时监控与健康管理》

《民用飞机工业设计的理论与实践》

八期(民机先进航电系统及应用系列)书目

《航空电子系统综合化与综合技术》

《民用飞机飞行管理系统》

《民用飞机驾驶舱显示系统》

《民用飞机机载总线与网络》

《航空电子软件开发与适航》

《民用机载电子硬件开发实践》

《民用飞机无线电通信导航监视系统》

《飞机环境综合监视系统》

《民用客机健康管理系统》

《航空电子适航性分析技术与管理》

《民用飞机客舱与机载信息系统》

《民用飞机驾驶舱集成设计与适航验证》

《航空电子系统安全性设计与分析技术》

《民机飞机飞行记录系统——"黑匣子"》

《数字航空电子技术(上、下)》

九期(商用飞机系统工程系列)书目

《商用飞机研发质量管理理论与实践》

《商用飞机全生命周期构型管理》

《商用飞机驾驶舱研制中的系统工程实践》

《商用飞机系统工程实践方法(英文版)》

《基于模型的现代商用飞机研发》

《商用飞机项目风险和机遇管理》

《商用飞机确认与验证技术》